国家出版基金项目
NATIONAL PUBLICATION FOUNDATION

"十二五"国家重点图书出版规划项目
"新型城镇化理论与政策研究"丛书
倪鹏飞　主编

新型城镇化与生态环境

XinXing ChengZhenHua Yu ShengTai HuanJing

蔡书凯◎著

SPM
南方出版传媒
广东经济出版社
·广州·

图书在版编目（CIP）数据

新型城填化与生态环境/ 蔡书凯著. —广州：广东经济出版社，2014.7

"中国新型城镇化理论与政策研究"/倪鹏飞主编

ISBN 978 - 7 - 5454 - 3345 - 6

Ⅰ. ①新… Ⅱ. ①蔡… Ⅲ. ①城市化—生态环境建设—研究—中国　Ⅳ. ①F299. 21②X321. 2

中国版本图书馆 CIP 数据核字（2014）第 093735 号

出版发行	广东经济出版社（广州市环市东路水荫路 11 号 11 ~ 12 楼）
经销	全国新华书店
印刷	广州市快美印务有限公司
	（广州市越秀区横枝岗 64 号大院自编 9 号 1－4 层）
开本	787 毫米 × 1092 毫米　1/16
印张	14. 75
字数	205 000 字
版次	2014 年 7 月第 1 版
印次	2014 年 7 月第 1 次
印数	1 ~ 3 000 册
书号	ISBN 978 - 7 - 5454 - 3345 - 6
定价	32. 00 元

如发现印装质量问题，影响阅读，请与承印厂联系调换。

发行部地址：广州市环市东路水荫路 11 号 11 楼

电话：（020）38306055　38306107　邮政编码：510075

邮购地址：广州市环市东路水荫路 11 号 11 楼

电话：（020）37601950　营销网址：**http**://www. gebook. com

广东经济出版社新浪官方微博：**http**://e. weibo. com/gebook

广东经济出版社常年法律顾问：何剑桥律师

总　序

城镇化：中华文明划时代的里程碑

　　城市形成和发展是人类文明起源和发展的标志，人类社会的发展是一个由低级向高级发展的历史过程。从生存方式来看，人类发展也许可分为分散而流动的渔猎社会、分散而定居的农业社会、聚集而定居的城市社会以及未来分散而流动的信息社会。人类的发展导致了城市的兴起和促进了城市演化，城市及其发展也为人类实现自身的发展提供了不可或缺的场所和条件。如果说在渔猎和农业时代，处在野蛮与蒙昧状态的人类，被大自然奴役，过着饥寒交迫的生活，在维持生存和追求温饱的漫长岁月里，周而复始地重复着过去的故事；那么当迈入城市时代，就意味着人类真正开启了文明之门，人类不仅成为主宰，过上有尊严的、富裕和从容的生活，而且以超乎人类自身想象的深度、广度和速度，改变着自然和发展着人类社会自身。

　　城市化是中华文明划时代的里程碑。城市化不仅让中国从传统的乡村社会迈入现代的城市社会，极大地促进中国的经济、社会、文化的进步、繁荣与跨越，而且将深刻改变中国民族的发展进程和发展轨迹。

　　首先，城市化实现了中华文明的一次飞跃。城市化将使中国彻底告别一个以封闭、分散为主要生存方式的传统的乡村中国，迈入以开放、聚集为主要生存方式的现代城市中国。一个文明、富裕、日新月异的城市中国，将取代一个贫穷、愚昧、长期停滞的乡村中国；中国的政治、经济、社会、文化、科技、环境都将发生翻天覆地的变化，中华文明将发生一次质的飞跃。其次，城市化是中华民族千年历史的转折。千百年来，落后的、分散的乡村经济，导致人力资本和技术的进步缓慢，人口难以获得更多的剩余维持生存。基于乡村社会的政治制度，也使资源逐渐聚集在少数人群中，导致多数民众的饥寒交迫、反抗和战争，进而导致"均贫富"的资源再分配，之后是资源再度集中，如此反复，构成中国历史周而复始的治乱交替、兴衰轮回的图景。聚集、发达的城市经济，将促进人力资本和科学技术在聚集中得以不断地形成和发展，导致财富的充分涌流，使人口容易获得更多的生产剩余，而基于城市社会的良好制度，也可以打破治乱交替、兴衰轮回的恶性循环，确保国家的可持续繁荣。再次，城市化是中华民族百年历史的彻底转折。正是由于西方列强率先开启工业化和城市化的进程，使其技术进步和财富创造远超中国，才使中国遭受列强欺凌的百年耻辱。新中国的成立结束了直接欺凌的历史，但是工业化和城市化落后于西方列强，使中国难以赶超列强。今天，通过加速发展的工业化和城市化，中国跻身于现代城市社会，意味着中国在科学技术、人力资本、经济发展等方面拥有了追赶和超越西方列强的条件，城市化将有力支撑民族的复兴和国家的强盛。最后，城市化改变了世界的发展格局，提升了人类的整体素质。占世界 1/5 人口的国家迈入城市社会，将极大地改变人类社会的形态和结构，极大提升人类的发展水平和整体素质，大大加快人类的发展进程，深刻改变世界的发展格局和未来走向。

自改革开放到未来 30 多年的时间里，中华民族正在经历城市化这一从农业社会向城市社会转换的划时代进程，由此中国的结构与形态已经、正在或必将发生一次翻天覆地的质变，同时对中国的未来产生深远影响。第一，人口要经历一个大迁徙和大转变。改革开放初期，中国 10 亿人口中大约有 8 亿是农村人口，2 亿是城镇人口，预期到 2040 年的时候，15 亿人口可能有 11.2 亿是城镇人口，3.8 亿是农村人口，城市人口增加了 9 亿多，农村人口下降了 4 亿多。1978 年年底，东、中、西部地区城市的比例为 1:2.2:0.6；城市人口的比例为

1:0. 69:0. 33。2007 年东、中、西部地区城市比例为 1:0. 9:0. 4，城市人口的比例为 1:0. 51:0. 27。这一趋势未来还将延续。人口规模的大幅变化不是涉及人口的大流动、大融合，更重要的是居民身份的转变。中国历史上出现了多次的人口流动和融合，这一次的流动和融合跟过去不一样，对中国的经济社会发展的影响更为深远。第二，国土空间要经历一个大翻覆和大整合。过去 30 多年，中国城乡的国土空间布局发生了巨变。传统农村正在消亡：仅 2000—2010 年自然村落就由 363 个锐减到 271 个，这个趋势还会持续下去；与此同时，现代城镇崛起：1982 年有 236 个城市，2664 个镇；2010 年有 665 个城市，19410 个镇。过去 30 多年，中国建成区面积增长 4 倍多，未来中国的城镇数量和建成区面积将持续增加；中国城乡基础设施与住房建设突飞猛进，未来中国的公路、铁路、水运、航运等交通基础设施，互联网、物联网等通信设施，以及水、电、煤气等市政设施，将在城市之间、城乡之间、区域之间甚至全国范围内实现网络化和一体化。第三，经济要经历一个大转型和大升级。过去 30 多年的工业化及其城市化，使中国由农业经济向城市经济快速转变，由全球最大的传统农业大国，迅速成为全球的制造中心。而未来以城市化为主要驱动力的经济发展，不仅使中国经济规模更加巨大，而且使中国经济内容更加多样化、结构更加复杂化和形态更加高级化。第四，社会要经历一个大冲突和大重构。首先是社会细胞的变异。传统、封闭、单一、不变的自然村落正在转向开放、多元、流动的社区。其次是社会关系的重构。以地缘和血缘为纽带的宗法性关系交往方式逐步社会化、社会联系国际化。再次是社会阶层的分化。过去的乡村经济比较简单，虽然有贫富差距，但社会阶层相对来说较少，现在农村居民在减少，中产阶级在形成，城市贫困阶层也在积聚，各种层次都在聚集和分化，城市阶层分化比较严重。最后就是社会利益的调整。在城市化过程中，城市红利和发展红利的分享将是社会矛盾集中甚至尖锐化的主要方面，这必定需要利益各方的协调。第五，文化要经历一个大融合和大复兴。千百年来中国社会尤其是农村地区始终秉持的是农业文化、历史文化和当地文化，城市化使中国在其秉持的农业、历史和当地文化基础上，开始建立城市文化、接触现代文化和面对外来文化。这些文化及其相互之间，面临着文化的传承与中断，发展与损毁，兼容与排斥，重构与扬弃等一系列的机遇与挑战。第六，环境要经历一个大破坏和大修复。过去的城镇化以规模扩张为发展方式，以物质资本大量投入为驱动要素，造成资源大量消耗、环境严重污染等一些生态问题，已经并且在未来相当长的一段时间内也将对中国造成严重的影响。但是，良好、宜居的生态环境是城市化的目标，进一步的城市化也为改善和修复环境创造了条件，在发展与环境问题上，中国也一定会经历一个库兹涅兹倒 U 曲线的发展过程。第七，治理要经历一个大变革与大改良。分散、封闭的乡村社会形态决定治理体系是宗法、专制、一元的。聚集、开放的城市社会形态必须配置现代、民主、共治的治理体制。中国城市化已经在促进着治理的变革，未来随着城市化的加速推进，以及全球化和信息技术的高速发展，中国经济的复杂性、社会的多元性和市民的自觉性都将得到大幅度提升，这对政治治理或者社会治理提出了更多更高的要求，也迫使未来可能要有一些重大的变革。

在城市化结束之时，在以上变化完成之时，也许就是中国梦圆之日或者是三梦共圆之日，即：第一，国家梦，建立城乡一体的城市中国。城市中国就是把城市和乡村的基础设施以及公共服务联系在一起，让整个国家都装上城市的底色，无论是农民还是市民都是将来的市民。具体应该包括，新型的知识经济、新型的市民社会、新型的生态环境、新型的民主法治、新型的人口结构等。从人口来看，未来城市化稳定状态的社会城市人口应该保持在总人口的75%比较合理（25%在小城镇，25%在中小城市，25%在大城市和超大城市），另外25%的人口在农村。从空间上看，未来应该建立一个倾斜平坦的空间格局，主要是在保持当前城乡建设用地规模不变的前提下进行调整，尤其是要解决东部地区过度集中的问题，区域间既保持适度的差异，但是又保持一体和便捷性，达到比较均匀的总体分布。从城乡规模体系来看，未来的城市中国是集群化、网络化，多中心、城乡一体的空间体系，包括大城市、中等城市、小城市和小城镇以及农村新的社区，形成以城市群为主体的发展体系。第二，城市梦，建立可持续竞争力的理想城市。未来所有的中国城市，不论其规模大小、性质功能如何，都应是一个以人为本的宜居城市，创新至上的宜商城市，创新驱动的知识城市，公平包容的和谐城市，环境友好的生态城市，多元一本的文化城市，城乡一体的全域城市，开放便捷的信息城市。第三，市民梦，成为自由绽放的幸福市民。在以城市为蓝底的城市社会，全社会居民，无论是农村居民还是城市居民，都是享有平等机会和权利的市民。全社会居民拥有强壮的身体、健康的心理、美丽的心灵、幸福的生活、体面的收入、公平的教育、充分的就业、自由的流动、全面的融入、公平的待遇、充分的尊严。

推进城市化，迈入城乡一体的城市中国，需要选择正确的城市化道路，但是，传统的城市化虽然取得一定成就，但是由于从理念到模式到路径都存在严重的偏颇，因而不仅难以实现以上美好的目标，甚至会产生背道而驰的结果。基于传统城镇存在的问题，以及全球化背景下，中国疆域大国、人口大国，加之资源分布极端不均等特殊国情，中国必须走新型城市化道路。具体路径包括以下十个方面的内容：一是以人为本的人口城市化。中国的城镇化率是按照常住人口计算的，远远高于按照户籍人口计算的城镇化率，"半城市化"现象已是不争的事实。户籍制度对于农民工的影响涉及很多方面，如城乡收入差距、就业、随迁子女教育等。要解决新型城镇化的二元结构障碍，中国必须加快改革户籍制度，明确中央和地方的财权事权，有序推进农业转移人口市民化，拓宽住房保障常住人口全覆盖，保障农民工随迁子女平等享有受教育权利，逐步实现社会保障服务的无缝对接，建立农业人口转移的促进机制，为人们自由迁徙、安居乐业创造公平的制度环境。二是集约利用的土地城市化。土地城市化在传统城镇化模式中扮演了最重要的角色，也正因如此，土地问题也严重制约了城镇化的健康发展。这不仅表现为土地资源的过度开发和低效利用，造成地价房价不断攀升，还导致了土地城市化的速度快于人口城市化。着眼于未来，土地变革必须主动体现现代国家治理的要求，发挥市场在土地资源中的决定性作用，统筹土地资源管理、资产管理和土地调控，积极推进土地制度、土地管理体制、相关财税体制、政府债务管理等相关改革，把握好土地规划与年度计划控制、压缩征地范围、开征房地产税、强化失地农民社会保障等关键环节，最终实现土地资源的科学配置和高效利用，有力推动新型城镇化进程。三是多元融资的城市化。城市化的进程离不开金融发展的支持。新型城镇化建设必须采取政府引导型的多元化融资模式，一方面要发挥政府的引导作用，提高金融支持水平，强化和规范政府职能，另一方面要积极发挥市场优势，创新和完善多元融资渠道。可以选择善用经营城市理念的融资路径，运用市场经济的手段合理配置资本，最大限度地盘活存量、激活增量，从而实现城市建设投入和产出的良性循环以及城市功能的提升。此外，还有必要完善金融，支持与城市化相关的政策制度，包括财税制度和土地制度等。四是绿色发展的城市化。当前中国大部分地区还在走先污染、后治理的老路，在实现经济高速增长过程中落下大量生态创伤，如大气污染、水环境污染、土壤污染、生物多样性破坏等。新型城镇化的建设路径必须实施环境集约型的城市化战略，建立健全生态环境产权制度，大力发展低碳经济、绿色贸易制度，优化城镇化和生态保护机制，增强社会环保意识，实现节约资源、减少污染、保护生态的目标。五是社会和谐的城市化。推进新型城镇化，应统筹城镇化与社会发展的关系，在社会和谐中推进城镇化。第一，在政治方面，让更多的人获得参与决策和议事的机会，为不同社会阶层的人提供发展的机会和平台，让所有的人分享城市发展进步的成果。第二，在社会方面，正确处理政府、企业和居民的关系，保护农民和城镇居民的合法权益，尊重居民的意愿和选择；正确处理当地居民和外来居民的关系，切实保护外来居民权益，让外来居民与当地居民和谐相处；正确处理不同收入阶层的关系，既鼓励人们创新、创业和创富，同时关心和保护弱势群体，实行向弱势群体倾斜的全民福利，建立比较完善配套的社会保障政策，缩小贫富差距。六是住有所居的城市化。住房系统是城市体系的重要组成部分。在新型城镇化发展过程中，住房发展无疑是其中最为关键的影响维度。

这就要求，把以人为本、生态环保、集约高效、公平正义作为住房发展努力的方向；通过立法的方式确立住房发展的目标、原则，建立统一的住房发展执行机构；改善住房发展的融资体制和分配体制，盘活住房金融资产；建立稳定持续的住房保障资金供给制度，让住房发展向公共住房领域倾斜，住房分配向中低收入阶层倾斜，真正实现住房保障的社会保障职能。七是学有所教的城市化。新型城镇化是人的城镇化，更是社会分工的一次革命性发展，教育在其中的作用不仅是对人的培养，还要帮助人找到在新型城镇化中的位置，融入这个新的分工体系，甚至要通过研发创新找到社会分工的变革方向。要将教育置于更加优先发展的位置上，继续加大教育投入，延长义务教育，扩大职业教育和成人教育，建立与未来城市中国经济发展相适应的多层次的教育体系，让教育成为推进新型城镇化的探索者、实验室和润滑油。八是多元一体的城市化。新型城镇化建设如火如荼，但是城镇化中的文化发展确有诸多不和谐之处。因此，新型城镇化既要传承历史文化，又要兼容外来文化，更要开创现代文化。尤其是要注重对传统文化的保护和对文化产业发展的支持。九是产城互动的城市化。第一，继续保持或扩大第二产业优势，尤其是提升第二产业的国际竞争力，不仅为产业工人提供就业机会，而且能够增加第二产业的收入水平；第二，大力发展就业吸纳能力高的生产性、消费性、分配性和社会性服务业，不仅能够促进经济发展，而且能够满足城镇化的需求，也加快了城镇化的步伐；第三，积极推进农业产业化，提高农业生产效率，增加农民收入，增加农村剩余劳动力；第四，制订实施城市居民收入增长计划，确保城市居民收入增长、扩大就业机会的同时也增加了非农就业者迁移城市的能力，不仅推进了城镇化，而且促进了经济社会发展。十是市场决定的城市化。城镇化是市场主体分享外部经济偏好在空间聚集上的显示，农村人口向城镇的聚集与转移，市场主体空间自由选择的过程，要健全市场制度体系，但由于存在市场失灵，仅仅通过市场选择难以实现最优均衡。促进城镇化健康的可持续，需要政府创造适宜的硬件条件和软件环境。一方面，便利市场主体流动，使其空间偏好得以显示；另一方面，兼顾国土空间利用的"效率与公平"。

因此，政府的主要职能是：第一，顺应和利用城镇化发展规律，对城镇化进行前瞻性科学规划；第二，建设辖区范围内的一体化的公共基础设施；第三，为不同区位的居民提供均等化的公共服务；第四，为不同空间区位活动的企业和居民提供公平、公正、均等、统一的规范化的制度环境。

中国城市化是人类最大规模的城市化进程，为此，需要构建相关的理论，揭示发展的规律，进而分析发展的问题。城市化对于当今中国是机遇与挑战同在，希望与威胁并存。城镇化将使党和政府的工作重心第二次发生改变：从农村转移到城市，即从主要解决"三农"问题转变为治理城市问题，并"城市包围农村，最后融合农村"，以统筹解决中国的城乡发展问题，促进中国的城乡一体和全面繁荣。规划和管理好城市化，需要诸多的可操作的对策建议。

有鉴于中国城市化以及从事新型城镇化理论与政策研究的重大意义，围绕新型城镇化的具体路径与内容，我们编制了这套丛书，详细介绍了与新型城镇化息息相关的人口、土地、金融、生态、社会、住房、教育、文化以及经济发展这九大方面的内容，不仅追溯了这几方面在城镇化以来的发展历程，也阐述了它们与城镇化的相互作用机理。我们的研究涵盖了从国内城镇化的现实情况到新型城镇化的目标路径，从国内外城镇化的成功经验到新型城镇化的方法探索，从国内外的理论文献回顾和研究现状到新型城镇化的政策建议，并配合大量翔实的数据以及一些数理模型和实证检验。

这套丛书既是对过去城镇化建设的总结，也是继续迈向未来的一个新起点。我们希望这套丛书成为未来中国推进新型城镇化的参照，也成为国内外学者研究交流的基础。在研究探索的过程中，我们难免会存在一些纰漏和不足，恳请各位专家学者不吝赐教，以便我们进一步推动与城市化、新型城镇化相关的研究。

倪鹏飞

2014 年 6 月 10 日

（作者系中国社会科学院城市与竞争力研究中心主任、研究员）

序

　　城市，人与自然相遇的地方。

　　曾经看到这样一个故事：1885 年，西雅图所属的华盛顿州在成为美国第 42 个州之前，美国的第 14 任总统福兰克林 o 皮尔斯曾要求土著印第安酋长"西雅图"将他的这块土地卖给政府。这位印第安酋长如此答复道："这块土地上所有的一切都是神圣的，我又怎么能将天和地作为买卖来进行交易？土地不属于人类，应该是人类属于这块土地……如同神灵爱护人类，为了所有的孩子我们应该保存和爱护这块土地。"看到这封信后，总统深受感动，以酋长的名字"西雅图"命名了这块土地，并与酋长成为了亲密无间的朋友。

　　本书是作者对新型城镇化过程中生态环境问题长期思考的阶段性成果，重点探讨在现有约束条件下，如何构建城镇化与生态环境和谐共生发展的体制机制。中国在快速城镇化的同时，城镇生态环境呈现"局部改善，总体恶化"的态势。城市的水环境、大气环境不断退化，噪音污染不断增加，自然栖息地不断碎化，历史记忆不断消失，城市景观不断同化，城市对农村生态环境的掠夺不断加重。如何让城市融入大自然，让居民望得见山、看得见水、记得住乡愁，如何构建城镇化与生态环境和谐共生的体制机制是一个重大的理论和实践问题。本书基于外部性理论、悲剧性选择理论，在分析城镇化的生态环境效应基础上，重点论述了中国生态城市建设格局、排污权交易制度、面源污染及其治理、生态补偿机制、生态环境建设融资问题等，并基于案例研究提出了相关政策建议。

由于本人才智愚钝和略显浮躁的科研环境，本书也一定会存在不少缺陷和错误，我衷心希望本书能够得到学界同仁和广大读者的指正。

本书在写作过程中，得到中国博士后基金（2013M530811）、教育部人文社会科学研究基金（14YJC790002）、国家社科基金（C131070051）和国家自然基金项目（71271003）的支持，在此表示感谢！

本书在出版过程中，得到广东经济出版社的无私支持和全力投入；毛一飞编辑对本书的编辑、出版投入了大量时间和精力，对本书的出版作出了不可替代的贡献。对此，我要致以衷心的感谢！

蔡书凯

2014 年 5 月

目录 CONTENTS

第一章　引　言

一、研究背景

城镇化是中国现代化建设的必然趋势，2012 年，中国的城镇化率已经达到 52.57%，城镇化建设已经达到世界平均水平。城乡结构发生了历史性变化，据预测，到 2030 年，中国城镇化水平将达到 60%~70%，城镇人口将超过 10 亿，也就是在接下来的 20 年中，预计中国城镇人口年增长量将达到约 1770 万人——相当于每年增加了一个全球性超大城市。因工业及服务业不像农业受地域及空间限制，故从事工业和服务业的人在空间上聚集，形成城市，原先农村乡镇居民点逐渐萎缩进而弥散，导致农村人口向城市转移和积聚。

然而，传统城镇化在给人们带来日益丰富的物质和文化生活及城镇生活方式的同时，也加重了城镇水、电、燃气等资源消耗的负担，增加了生活垃圾、废气、污水等废弃物的排放，一旦其产生的各种废弃物排放量超过城镇环境的承载能力和自净能力，就会带来城镇环境污染，特别是，如果延续粗放式的发展模式，将造成资源的浪费与枯竭、生态环境的破坏与恶化，引发一系列生态环境问题。随着中国快速城镇化进程的不断发展，中国在资源节约和环境可持续性方面面临着严峻挑战。这些挑战涉及所有重要领域：水污染、垃圾管理、空气污染、能源需求和土地利用，包括农业用地转为城镇用地。

最近的估算数据表明，中国已经超过美国，成为世界上最大的温室气体排放国。而全球温室气体排放大部分来自城镇，约占全球总排放量的80%。随着城镇带动型经济预期的不断增长，中国城镇的生态足迹将带来诸多风险——不仅给中国，而且给全球带来诸多风险。城镇消耗了全球75%的资源，是各种环境污染物的主要排放源。保护城镇生态环境，实现城镇的可持续发展，使子孙后代能够有一个永续利用和安居乐业的生态环境，已成为时代的紧迫要求和人民的强烈愿望。据测算，过往城镇化每上升1个百分点，增加能源消耗4940万吨标煤，增加城镇居民生活用水量约11.6亿立方米，增加钢材消耗645万吨，水泥消耗2190万吨，增加城镇生活污水排放量11亿吨，生活化学需氧量（COD）排放量3万吨，生活氨氮排放量1万吨，生活氮氧化物排放量19.5万吨，生活二氧化碳排放量2525万吨，生活垃圾产生量527万吨。

根据2012年中国环境状况[①]，中国主要河流长江、黄河、珠江、松花江、淮河、海河、辽河、浙闽片河流、西北诸河和西南诸河等十大流域的国控断面中，Ⅰ～Ⅲ类、Ⅳ～Ⅴ类和劣Ⅴ类水质断面比例分别为68.9%、20.9%和10.2%。主要污染指标为化学需氧量、五日生化需氧量和高锰酸盐指数。在目前全国657座城市中有，400多个城市缺水，110个城市严重缺水。在62个国控重点湖泊（水库）中，Ⅰ～Ⅲ类、Ⅳ～Ⅴ类和劣Ⅴ类水质的湖泊（水库）比例分别为61.3%、27.4%和11.3%。其中太湖为轻度污染，滇池为重度污染，巢湖为轻度污染，鄱阳湖水质良好，洞庭湖为轻度污染，洪泽湖为中度污染。其他29个国控大型淡水湖泊中，有6个湖泊为重度污染，有11个湖泊为轻度污染，有7个湖泊水质良好，剩下5个湖泊水质为优。28个湖泊的营养状态评价结果表明，有3个湖泊为中度富营养状态，有7个湖泊为轻度富营养状态，有16个湖泊为中营养状态，而泸沽湖和抚仙湖为贫营养状态。全国198个地市级行政区开展了地下水水质监测，监测点总数为4 929个，其中国家级监

① 《2012年中国环境状况公报》。

测点 800 个。水质呈优良级的监测点 580 个，占全部监测点的 11.8%；水质呈良好级的监测点 1348 个，占 27.3%；水质呈较好级的监测点 176 个，占 3.6%；水质呈较差级的监测点 1999 个，占 40.6%；水质呈极差级的监测点 826 个，占 16.8%。环保部监测的 316 个城市中，区域声环境质量为一级的城市占 3.5%，二级占 75.9%，三级占 20.3%，四级占 0.3%。与上年相比，城市区域声环境质量一级、三级和四级的城市比例分别下降 1.3 个百分点、1.2 个百分点和 0.3 个百分点，二级城市比例上升 2.8 个百分点，城市道路交通噪声强度为一级的城市占 75.0%，二级占 23.1%，三级占 1.9%。正如著名城市生态专家王如松院士总结的那样，城镇化带来了城市生态的多色效应：红色的热岛效应、绿色的水华效应、灰色的灰霾效应、黄色的拥堵效应、白色的采石秃斑效应和杂色的垃圾效应等。同时，一些城市在城镇化过程中盲目追求高、快、宽、大、亮等形象工程，沿袭先污染后治理、先规模后效益、先建设后规划和"摊大饼"式扩张的发展途径，生态服务功能和生态文明建设被严重忽略，进一步加大了城镇化对生态环境的压力。因此，中国在未来加快推进城镇化过程中，必须走具有中国特色的新型城镇道路，尤其是在中国城镇化已经发展到一个较高的阶段，资源环境的压力已经走到极限，不可能再走高消耗、高排放、城乡分割、缺乏特色的传统城镇化老路，基于国情差异也不可能完全照搬其他国家的做法，必须在对传统的城镇化战略和模式彻底扬弃的基础上，从中国国情出发，走符合中国国情，符合区域禀赋差异，有特色的新型城镇化道路。正是基于这种考虑，党的十八大三中全会提出：全会提出，建设生态文明，必须建立系统完整的生态文明制度体系，用制度保护生态环境。要健全自然资源资产产权制度和用途管制制度，划定生态保护红线，实行资源有偿使用制度和生态补偿制度，改革生态环境保护管理体制。2013 年 12 月 12 日召开的中央城镇化工作会议提出，要坚持生态文明，要传承文化，发展有历史记忆、地域特色、民族特点的美丽城镇；要保留村庄原始风貌，慎砍树、不填湖、少拆房，尽可能在原有村庄形态上改善居民生活条件。加强生态环境保护也就必然成为新型城镇化建设的方向之一。

按照城镇化的发展阶段划分理论，中国城镇化未来仍将处于高速发展的上升期，作为区域经济发展的推动力量，城镇化在国民经济的未来发展中将扮演重要的角色，其重要性不容置疑，而生态环境又有其自身承受的边界，不能无约束地、持续地提供有效供给。以"资源换增长"的发展模式在各地尤其是中西部地区仍普遍存在。跟国外主要发达国家相比，我国的资源相对紧缺，人均资源占有量大大低于世界平均水平。然而，我国的能源消耗却十分巨大，能源利用率较低，2008 年每万美元能耗是世界平均水平的 2.6 倍，是美国的 4 倍，是德国的 4.4 倍、日本的 8 倍、英国的 5.7 倍，甚至是巴西的 2 倍。城市快速发展造成土地资源供应紧张，我国城市发展的"摊大饼"现象相当严重，造成了土地利用效率较低。因此，我们必须考虑到城镇化既要给经济建设以巨大的推动力，同时又要考虑生态环境的承受能力。如若一如既往地延续过去高能耗、高污染的经济增长模式，那么，我们未来的城镇化空间还会存有多大、还将付出多少生态环境代价？城镇化与生态环境之间是双赢的道路抑或是两难的选择，都需要有科学的依据做出判断与决策。需要肯定的是，在可持续发展的时代背景下，实现中国城镇化与生态环境协调统一、和谐共生具有非常重要的战略意义。而推动这一战略实施、迎接以城镇化为代表的可持续发展时代的到来需立足于当前，这意味着，我们必须清晰地意识到当今中国经济社会发展的基本格局对于寻求城镇化与生态环境协调可持续发展的迫切需要。

二、研究意义

美国地理学家诺瑟姆在 1979 年把世界各国城市化发展进程的轨迹，概括为一条稍被拉长的倒"S"形曲线。依据这条世界各国城镇化发展规律表明，城市化进程整体上可以概括为一条规则抑或不规则的倒"S"形曲线，依据城市化率（人口城市化率）而大体划分为初始阶段、加速阶段和平稳阶段三个历史时期，其中 30% 界定为加速阶段的判断点；在 50% 时加速度达到最高点。中国的城镇化进程正处于加速成长期。与此同时，生态环境表现为一条非规则的"U"形曲线，在初始及加速发展阶段，生态环境质量在下降，而到了后期，生态环境开始好转。据此可以说中国目前正处于城镇化的加速发展阶段，离城市化倒"U"形曲线的平稳阶段还有很长一段路程要走，这就意味着更多的诉求和更大的潜在危险——必然需要更多的资源（尤其是土地资源与水资源）、更大强度的经济发展水平以提供足够的就业岗位，同样必然导致更多生活垃圾、工业废渣、废气、废水的排放，以及更为严峻的基于人多地少而中国土地城镇化大大快于人口城镇化带来的潜存的"粮食安全"危机。当前中国这种快速粗放的城镇化发展战略无疑已成为中国社会和城市可持续发展的关键性制约因素。如何在推进城镇化战略的同时，实现生态环境的良性发展，进而实现二者的协调共生、共赢是当前中国社会可持续发展研究中亟待解决的问题之一。现阶段城镇化的实践也为开展中国城市化与生态环境协调可持续发展研究提供了最佳时机和有力实践素材。

目前，我国正处在城镇化中期加速发展阶段，我国城镇建设力度不断加大，城镇化水平和质量明显提高，城镇化已经成为我国社会经济生活的最重要现象。21 世纪初至 2030 年，我国将有 4 亿农民从农村转移到城镇，城镇化水平将从现在的 52% 达到 60% 以上。伴随而来的是越来越大的资源消耗和越来越严重的城市环境问题，如果任其发展，必将严重制约我国新型城镇化的发展。党的十八大报告指出，要"坚持走中国特色新型城镇化，推动工业化和城镇化良性互动、城镇化和农业现代化相互协调发展"。毫无疑问，在当前的时代背景下，对于城市化与生态环境的相互关系作以研究将会有助于根据各区域的实际状况，把握不同区域内二者关系的特征，抓住问题的主要矛盾，确定问题的实质原因，采取切实有效的措施控制主要污染物的排放，建设美好家园，这对于建设生态文明、改善生态环境，实现城乡协调发展目标等都具有重要的现实意义，并将有利于在全社会范围内树立起牢固的生态文明观念，是对落实科学发展观的一个有力诠释。

从理论意义来说，城市既是人类技术进步、经济发展和社会问题的汇合处，也是人类生态学和环境问题的重点，我国当前正处于城市化的加速发展阶段，人多地少、位属发展中国家行列的基本国情，如何实现城市可持续发展成为当前研究中的焦点和难点问题。本文以中国城镇化过程中的城镇发展与生态环境协调发展为研究主题，研究中国城镇化过程中生态环境问题产生的原因，在整体上分析了中国生态城市的发展状况，分析了企业对排污权交易的参与意愿，农户对病虫害专业化统防统治的购买意愿，分析了生态补偿政策存在的问题和发展对策，研究了中国城镇化过程中，加大生态环境保护的融资问题，并基于案例研究的基础上，总结经验，对新型城镇化与生态环境协调发展的模式、路径与对策进行全面系统的总结和探索，无疑具有重要的理论价值。

从实践意义来说，城市化与生态环境协调发展不仅是实现发展与环境共赢、落实科学发展观、可持续发展理论同中国现实国情相结合的具体体现，而且对全球的可持续发展也具有普遍的意义。伴随着世界经济一体化进程，城市化过程与生态环境的关系协调问题已经上升为世界性的战略问题，因此，从系统的视角来认识二者相互协调的战略地位极其重要。中国正处于城市化的加速发展阶段，粗放低效的城市化发展战略给中国城镇化的可持续发展之路在某种程度上挂上了一把"枷锁"，研究城镇生态环境问题，寻求解决城镇生态危机的对策，探讨生态城市的构建之路，协调经济发展与城镇环境之间的矛盾，实现生态环境的可持续发展，迫切需要一套行之有效的理论方法用于指导妥善处理城市化与生态环境的辩证关系，从而建设美丽中国。因此，本文的研究具有重要的现实意义。

总而言之，城市化的加速发展推动了经济的高速增长，但也使城市化越来越接近生态环境的约束边界，城市化过程中日益突出的生态环境问题已经成为我国经济与社会可持续发展的主要障碍。因此，只有将城市化与生态环境紧密结合起来，在城镇化的过程加大环境保护力度，实现其协调发展，城镇化的潜在价值才将会超越其负面影响，才能为全体市民存在福利，为构建社会主义和谐社会创造有利条件。

三、基本概念

（一）城市化的内涵

配第—克拉克定理指出，随着经济的发展，劳动力将首先从第一产业转向第二产业，并伴随着人均国民收入水平的进一步提高，逐步转向第三产业。在实践过程中，伴随着劳动力在不同产业之间的转移，也必然导致劳动力在空间分布上的重新分布和配置。产业转移主要体现为从传统产业向现代产业、从农业向非农产业的转移，空间转移主要体现为由分散到集中，由农村流向城镇的转移。产业结构的演进导致了经济的非农化和工业化，产业空间布局的转移导致了人口定居方式的聚集化、规模化，这实质上就是城市化的发展过程。

发展经济学认为城镇化就是人口不断从农村向城市转移的过程，农业现代化不断从农业挤出剩余劳动力，城市和城镇的发展不断吸收从农村转移的人口，农业劳动市场率、比较效率不断提升的过程。在城市和城镇中，先是工业的发展吸收农业剩余劳动力，后是相当多的工业提高资本有机构成，吸收劳动力就业的能力下降，甚至从中挤出劳动力，于是相应的服务业迅速发展，并且服务业和加工工业中的中小企业大量发展，不断吸收农工业剩余的劳动力和从工业中转移出来的劳动力再就业。衡量发展程度最重要的指标是城市水平。

中国科学院可持续发展战略研究组将城市化的质量内涵定义为："在某个特定的时空耦合系统中，在人口集聚、物质集聚、能量集聚、信息集聚和财富集聚的过程中，依照规定的目标和预设的时段，可以成功地表述为对于城市系统发展动力、城市系统公平行为和城市系统质量水平的三维集合的整体轨迹识别，以及表征该轨迹接近理想目标函数的概率。"

概括而言，城市既不能单纯地理解为人口向城市集中，也不能理解为人口由农耕作业转移到城市的产业。如果单纯是人口由农村向城市集中的话，那就未必会产生城市化，而只是某种意义上的"数量堆积"。相反，农村人口即使不脱离农村，也有达到城市化的充分可能。因为城市化过程不仅仅是指某一个体或集团的工作种类或居住地点的变化，而且还包含着这些个体或集团的社会价值观的变化过程。如果我们把城市化现象仅仅看作是人口向城市集中的话，就不能真正理解城市化的本质内容及其全过程。

（二）城镇化的内涵

从世界范围来看，近现代意义上的城镇化已经有 200 多年了。200 多年来，在城镇化概念内涵的界定上，始终没有形成一个普遍认同的权威定义，但学者们从不同学科、不同角度予以解释，可谓见仁见智，对于我们全面把握城镇化的丰富内涵具有启发意义。

有的学者特别强调人口向城市集中。例如，埃尔德里奇（H. T. Eldridge）认为："人口集中的过程就是城市化的全部含义。人口不断向城市集中，城市就不断发展。人口停止向城市集中，城市化亦随即停止。"再如，《大英百科全书》对城市化的定义："城市化（Urbanization）一词，是指人口向城镇或城市地带集中的过程。这个集中化的过程表现为两种形式，一是城镇数目增多，二是各个城市内人口规模不断扩充。"我国学者传统上认为城镇化就是指农村人口转化为城镇人口的过程，用一个重要指标来反映就是城镇化率。反映着城镇化水平高低的指标为城镇化率，即一个地区常住于城镇的人口数量占该地区总人口数量的比例。祝福恩和刘迪（2013）认为，新型城镇化包括人口城镇化、市场城镇化、文明城镇化、绿色城镇化和城乡统筹城镇化等，其中核心和关键的是人的城镇化，即要解决农民进城的户籍制度和土地制度问题，真正使农民变为市民，并享受市民所享受的福利及诸多的公共服务。[1] 杨文举和孙海宁（2002）认为，城市化指人口向城镇或城市地带集中的过程，或者是指人口向城市地区集中和农村地区转变为城市地区抑或指农业人口转变为非农业人口的过程。这一集中过程的直接表现形式就是：城市数目的增多和各个城市人口规模的扩大，从而不断提高城市人口在总人口中的比例。[2]

目前，学者们在强调人口转移和集中的同时，突出了价值观念和生活方式层面的内涵。例如，2000 年 7 月在柏林举行的世界城市大会，把城市化定义为："城市化是以农村人口向城市迁移和集中为特征的一种历史过程，表现在人的地理位置的转移和职业的改变以及由此引起的生产与生活方式的演变，既有看得见的实体变化，也有精神文化方面的无形转变。"又如，中国地理学家许学强认为，人口和非农产业的集中，只是物化了的城市化。只有城市人在价值观念、生活方式上实现了现代化，才是完全的城市化。美国人类学家顾定国则指出，都市化并非简单地意味着越来越多的人居住在城市和城镇之中。而应被视为一个社会中都市与非都市之间联系、结合不断加强的过程。强调城乡之间的联系和互动。

胡必亮（2000）认为，现代城市化问题实际上已经转变成为一个城乡区域协调发展的问题了。只要做到了某一区域内城乡之间的协调发展，也就可以说在一定的区域内整体地实现了城市化，至于人们是否真正地居住在城市，已经变得没有什么大的意义了。[3]贾高建（2007）提出，所谓城市化应该是社会结构体系中城市和农村这两个子系统在社会现代化进程中的升级、分化和重新组合的过程，它不仅表现为大量的农村人口向城市转移或集中，也不仅表现为经济领域中产业结构、生产方式以及生活方式等等的变化，而且还表现为政治、文化等其他领域的变化；它是在城市和农村同时发生的包括经济、政治、文化等各个基本领域在内的整个社会结构体系的变化，是城乡关系的整体演变。[4]黄学贤和吴志红（2010）认为："城镇化既包括农村人口、生产方式等社会经济关系和农村生活方式、思维方式、价值观念向城市集聚的过程，也包括城市生产方式等社会经济关系和城市生活方式、思维方式、价值观念向农村扩散的过程。可见，城镇化是一个双向的多层面的转换过程。"[5]

有的学者特别强调城镇化内涵的丰富性。例如李克强指出：城镇化不是简单的人口比例增加和城市面积扩张，更重要的是实现产业结构、就业方式、人居环境、社会保障等一系列由'乡'到'城'的重要转变。[6] 再如盛广耀（2012）认为，"城市化作为社会经济的转型过程，包括人口、地域、经济、社会、文化等诸多方面结构转换的内容，其内涵是十分丰富的"。他概括出城市化包含农村人口转为城市人口、农业活动转化为非农活动、农村地区转化为城市地区、传统的农村社会转化为现代城市社会四个过程。[7] 张友良（2012）的论文认为，传统意义上的城镇化的内涵包括五个方面：第一，人口城镇化。这是城镇化的核心，其实质是人口经济活动的转移过程。第二，经济城镇化。这是城镇化的动力，是指整个社会经济中城镇地域产出比重的上升状态，主要指经济总量的提高和经济结构的非农化。第三，社会城镇化。即人们的生产方式、行为习惯、社会组织关系乃至精神与价值观念会随着经济、人口、土地的城镇化而发生转变，城镇文化、生活方式、价值观念等由城市向乡村扩散的过程。第四，产业结构城镇化。其实质是指产业结构的升级换代，即第一产业、第二产业以及第三产业符合经济规律（比较利益、规模经济等）的演变、发展过程。第五，城市建设和生活环境城镇化。即城镇空间形态扩大，城镇规模和数量增多，新城镇地域、城镇景观不断涌现，城镇生活环境变化、基础设施不断完善。[8] 倪鹏飞（2013）的研究认为，城镇化是由科技进步、社会生产力发展所引发的，分散聚居在农村功能区域的农业人口转为集中聚集在非农功能区的非农人口，进而传统乡村社会转为现代城市社会的历史过程。城镇化人口不是标签意义上的城市人口，而是享受城市基础设施和公共服务的人口。城镇化地区不是行政和地理意义上的区域，而是承载非农人口和非农产业的功能区。城镇化不仅表现为城镇数目的增多、城市面积的扩大、城市人口增加，还包括人口职业的转变、产业结构的转变、空间形态的变化，也包括人类社会的组织方式、生产方式和生活方式的变化，由此导致经济、社会、文化、环境和人的变化。[9] 金良浚（2013）的研究认为，新型城镇化强调以人为本，强调进城农民市民化、城乡一体化以及基本公共服务均等化。

新型城镇化是以城乡统筹、城乡一体、产城互动、功能完善、个性鲜明、生态宜居、社会和谐为基本特征的城镇化，是大中小城市、小城镇、新型农村社区协调发展、互促共进的城镇化。城镇化既包括城乡人口比例的变动，也包括由此带来的国民经济结构的变化；既包括劳动力向城镇聚集的过程，也包括资金等生产要素向城镇流动的内容；既包括乡村的城镇化，也包括城镇自身发展。新型城镇化是由过去片面注重追求城市规模和空间扩张，改变为以提升城市的文化、公共服务等内涵为中心，使城镇成为具有较高品质的宜商、宜居之所。[10]吴季松（2013）认为，新型城镇是叠加在地域自然生态系统上的人工生态系统，新型城镇的大规模工程建设应遵照生态工程原则进行，生态承载力是生态文明工程建设的核心。

综观国内外相关研究成果，我们可以发现，城镇化的内涵的确是极其丰富的。城镇化不仅是指农村人口向城镇转移，第二、第三产业向城镇聚集，从而使城镇数量增多、规模扩大、现代化和集约化程度提高的过程，而且也是指城市文明、城市生活方式、城市价值观念向农村扩散、渗透的过程。这一过程具体表现为：农村人口比重日渐降低、城镇人口比重日渐提高；农业从业人员越来越少，非农产业从业人员越来越多；城市文化在全社会的主导地位日益提高，乡村文化的影响越来越小；越来越多的农民思想观念得到更新、落后习惯得到改造、综合素质明显改善。由此可见，城镇化既有人口的集中、空间形态的改变和社会经济结构的变化等看得见的实体变化，也有农村意识、行动方式和生活方式向城市意识、行动方式和生活方式的转化或城市生活方式的扩散等精神文化方面的无形转变。城镇化既要实现由农民转变为城镇居民的身份上的"化"，又要实现由从事农业转变为从事非农产业的就业领域上的"化"，也要实现从分散的、较单一的农村生活方式转变为集中的、多样化的城市生活方式上的"化"，还要实现从文化水平较低到具有较高文化和文明素养的思想文化上的"化"，归根结底是要实现城乡居民由贫穷落后的生活状态转变为素质和能力不断提升、收入水平和消费水平不断提高的生活质量上的"化"。本文认为，符合科学发展观要求的新型城镇化，应当全面重视和体现上述丰富内涵。

（三）"城镇化"与"城市化"概念辨析

"城镇化"与"城市化"概念的异同，在我国理论界一直存在着争论。

从已有的研究成果来看，认为"城镇化"与"城市化"概念相异的学者主要提出了如下几种观点。辜胜阻（1995）提出，城市化是指人口向城市的集中过程，农村城镇化、非农化是农村人口向县城范围内的城镇集中和农业人口就地转移为非农业人口的过程。[11]洪银兴，陈雯（2000）认为，广义的城市化包含城镇化，它是城市化的初期阶段，城镇化以发展小城镇为特征，而城市化以现代化为内容，"推进城镇城市化，就是城镇化与城市化的衔接"[12]。胡必亮提出了两条不同的城市化道路："一条是以城市发展为中心的城市化道路，另一条则是以区域一体化发展为中心的城镇化道路。"他认为我国更应该超越传统城市化道路而走出一条新型的、以城乡区域之间一体化的协调发展为中心的城镇化道路。[13]赵春音（2003）则认为，城镇化是城市化的起点。[14]曾雪玫（2005）认为，城市化就是人口向城市集中的过程，而城镇化主要是指以乡镇企业和小城镇为依托，实现农村人口的工作领域由第一产业向第二、第三产业变化的职业转换过程和居住地由农村区域向城镇区域迁移的空间聚集过程。[15]温铁军（2013）认为，城镇化的概念在很大程度上，是将县级以下的城镇集中，在最短半径中让最多的农民获得非农就业机会。[16]王震国（2013）认为，城市化与城镇化相比，前者更具有经济上的规模与集聚效应，而后者虽然更符合中国地广、人多的城市化实际需要，但却因此弱化了城市化的经济能效。[17]

不少学者认为，"城镇化"就是中国特色的城市化。例如张占斌（2013）明确提出："外国的或者一般而言的'Urbanization'称之为'城市化'，中国的'Urbanization'则称为'城镇化'。"[18]沈越（2001）也明确提出："城镇化战略实际上是有中国特色的城市化道路。"[19]刘彦随（2013）认为，走出一条适合中国国情的城市化道路，让城乡居民各得其所、共享幸福，应当是中国城市化的逻辑起点。强调城镇化，是因为农民融入城镇就业与定居门槛要比大城市低得多，更符合我国农村实际。[20]

还有很多学者认为，"城镇化"与"城市化"是同义词。如党国英提出，"城市化"与"城镇化"两个提法，"二者没有根本性区别，如果翻译为英语，二者是一回事"。谢扬（2004）进一步分析指出，城镇化，或称城市化、都市化，是英文单词 Urbanization 的不同译法。Urban（城市）是 Rural（农村）的反义词，除农村居民点外，镇及镇以上的各级居民点都属 Urban Place（城镇地区），它既包括 City，也包括 Town，因此将 Urbanization 译作"城镇化"可能更为全面，而不应是 Citify。[21] 项继权（2011）认为，"城镇化"与"城市化"是同义语，是对外来语"Urbanization"一词的不同译法。Urbanization 是人口从农村向各种类型的城镇居民点转移的过程。城镇可以泛指市和镇，城市也含城镇的意思，但我国的镇量多面广，从我国国情和科学含义看，运用"城镇化"比"城市化"词语更为准确、严密，主张用"城镇化"的概念取代"城市化"，以示中国城市化道路的特殊性。[22]

从党的十六大、党的十八大报告等重要文献的界定与提法来看，"城镇化"与"城市化"这两个概念的实质内涵也是一致的，可以通用。2002 年党的十六大报告指出："要逐步提高城镇化水平，坚持大中小城市和小城镇协调发展，走中国特色的城镇化道路。发展小城镇要以现有的县城和有条件的建制镇为基础。"这里明确提出了"提高城镇化水平"，走"城镇化道路"，但在强调发展县城和建制镇的同时也提出要发展大中小城市。因此，不能把"城镇化"仅仅理解为只发展小城镇，也不能把"城市化"片面理解为只发展大中城市。胡锦涛同志指出，城镇化和城市化，"实质都是要把农村富余劳动力转移出来的问题"。党的十八大报告指出，要"坚持走中国特色新型城镇化，推动工业化和城镇化良性互动、城镇化和农业现代化相互协调发展"。党的十八大三中全会公报中也提出："完善城镇化健康发展体制机制。坚持走中国特色新型城镇化道路，推进以人为核心的城镇化，推动大中小城市和小城镇协调发展、产业和城镇融合发展，促进城镇化和新农村建设协调推进。优化城市空间结构和管理格局，增强城市综合承载能力。"2013 年中央经济工作会议要求，积极稳妥推进城镇化，着力提高城镇化质量；把生态文明理念和原则全面融入城镇化全过程，走集约、智能、绿色、低碳的新型城镇化道路。因此，在党和国家公布的正式文件中，"城镇化"用得较多。

同时，之所以选用"城镇化"而未按国际惯例使用"城市化"一词，其出发点与落脚点均在于解决占中国人口超过半数的广大农民的归宿问题。这就必须从中国国情出发，在"镇"字上下功夫，在"镇"字上寻求突破，在"镇"字上最终求得落脚点。因此，本文赞成将二者作为同义词。同时，为了与党和国家公布的正式文件的提法相一致，本文主要采用"城镇化"提法，少数地方用"城市化"是为了忠于原参考文献。

（四）生态环境

生态环境就是"由生态关系组成的环境"的简称，是指与人类密切相关的，影响人类生活和生产活动的各种自然（包括人工干预下形成的第二自然）力量（物质和能量）或作用的总和。生态主要指某一生物（系统）与其环境或其他生物之间的相对状态或相互关系，环境则主要指独立于某一主体对象以外的所有客体总和，生态强调客体与主体之间的关系，环境强调客体，因此，生态的概括范围更广泛于环境。但由于在研究要素中存在着许多共通性，生态与环境又组合成词使用，即生态环境或者环境生态。生态环境问题是指人类为其自身生存和发展，在利用和改造自然的过程中，对自然环境破坏和污染所产生的危害人类生存的各种负反馈效应。

第二章 理论基础与文献综述

城镇化问题一直是学者们关注的重点问题，国内外学者从不同视角对城镇化进行了大量的研究，取得了丰硕成果。城镇化是一把双刃剑，它一方面促进了城镇社会、经济的发展，提高了人们的生活水平；另一方面，由于城镇人口、建筑、工业的过分集中，又带来诸如环境污染、生态恶化、交通拥堵、住宅短缺、城镇失业率升高等很多问题。随着城镇化水平的不断提高，城镇化对生态环境的影响程度也在大大地增强；反过来，生态环境的变化也在影响城镇化的进程。

一、理论基础

（一）外部性理论

从经济学的角度来看，环境问题产生的根源在于人们活动的外部性，即私人成本与社会成本的不对称。按照传统经济学理论，在市场信息充分、没有交易成本的条件下，"理性人"能够通过市场机制实现自身利益最大化，市场机制可以使各种资源配置效率实现帕累托最优。但古典经济学的假设在实际经济活动中并不存在，从而导致"市场失灵"。

一般认为外部性的概念首先是由马歇尔提出的。在 1890 年发表的《经济学原理》一书中，马歇尔首创了外部经济和内部经济这一对概念。萨缪尔森和诺德豪斯将外部性定义为"一种向他人施加那人并不情愿的成本或者效益的行为，或者说是一种其影响无法完全体现在市场交易价格之上的行为"。兰德尔认为，"外部性是指当一个行动的某些效益或成本不在决策者的考虑范围内的时候所产生的一些低效率现象，也就是某些效益被给予，或某些成本被强加给没有参加这一决策的人"。美国经济学家 J. E. 米德认为，外部性是这样一种事件，即它给某单位或某些人带来好处（或造成损害），而这单位或这些人却又不是做出直接或间接导致此事件之决策的完全赞同的一方。外部性是某个经济主体对其他经济主体产生的一种影响，而这种影响不能通过市场价格进行衡量。外部性可划分为正外部性（或称外部经济）和负外部性（或称外部不经济）。正外部性是指一个经济主体的经济行为给其他经济主体增加了福利，而前者无法向后者收费的现象（如环境保护）；负外部性是指一个经济主体的经济行为损害了其他经济主体的福利，而前者没有补偿后者的现象（例如环境污染）。根据外部性产生的领域，外部性还可划分为生产外部性和消费外部性。例如，经济活动对他人造成影响（污染环境）而又未将这些影响计入市场交易的价格之中时，就产生了生产的外部性问题。科斯在 1932 年《社会成本问题》一文中提出，当交易费用为零的情况下，解决外部性问题不需要"庇古税"，通过市场交易和自愿协商可以达到资源的最优配置；当交易费用不为零的情况下，解决外部性问题可以通过制度安排与选择，以市场交易的形式来替代"庇古税"的手段。

外部性有四个基本特征：一是外部性独立于市场机制之外。即外部性的影响不包含在买卖关系范畴之内，它仅指那些不需要支付货币的收益或损害。二是外部性具有一定的不可避免性。外部性产生时，所产生的影响会通过关联性强制地作用于受影响者，而受影响者一般无法回避。三是外部性产生于决策范围之外。它是伴随着生产或消费而产生的某种副作用，而不受本原性和预谋性影响。四是外部性难以完全消除。受信息不完备、技术、管理等多种因素的影响，目前很难将外部性完全消除。

由于环境资源价格没有反映其价值，导致生产消费环境资源的私人边际成本与社会边际成本、私人边际收益与社会边际收益的巨大差异，如环境污染等外部不经济性的存在，致使环境污染物过度排放，产生污染的产品过度生产；而生态林建设等外部经济性的存在又使环境保护的生产供给严重不足。环境资源的生产和消费出现了外部性，两者共同作用，导致了环境质量的日益下降，环境危机日益严重。因此，在生产和消费环境资源中外部性的存在，是环境问题产生的根本原因。

（二）悲剧性选择理论

悲剧性选择理论是由著名的法学家、经济分析法学奠基人卡拉布雷西提出的。在卡拉布雷西看来，如果在某种社会资源稀缺且关涉人们生死与命运的前提下，就需要社会对这种资源进行有效分配，从而消弭这种基于稀缺而带来的社会矛盾。当对稀缺资源进行分配时，社会的依据是什么以及这种依据本身又是从何而来等一系列问题是不容回避的。卡拉布雷西看到了这个问题所蕴含的种种复杂因素，故而提出了其著名的"悲剧性选择"理论，并从相对宏观与相对微观两个方面来阐释悲剧性选择的运作过程。卡拉布雷西认为，悲剧性选择显示出两方面的运动级数。第一，在处理稀缺物品的两种决定之间，人们会举棋不定，我们称之为一级决定。第二，当社会逃避、面对、修改悲剧性选择的时候，决定、理性与暴力会不断地相互承接，正如平静替代焦虑，而又被焦虑所替代，我们称之为二级决定。在此基础上，卡拉布雷西论述了四种稀缺资源的分配方式，即：纯粹市场、负责的政治程序、抽签法以及惯例方法，并探讨了这四种分配手段的失范，进而提出了经过修正后的手段，即市场方法与政治程序。[23]

城镇化进程是在我国固有的城乡二元社会结构的语境下出现的。我国的城镇化进程也正是一个由相对非现代化向比较现代化进化的过程。由于社会环境总资源是稀缺的，正是由于稀缺使得社会必须作出一些痛苦的选择。在有限稀缺的环境容量总量中，政府立足于社会整体效益，在城市与农村之间作出利益衡量，而环境恶化的负外部性往往落在那些缺乏承受能力的人的身上。追求社会整体效益的价值取向无法比较个人生存的诉求度，忽视了城镇化进程中对于农村生态环境的承载量，造成农村生态保护的深层失范。在经济高速发展的背后是生态环境的严重损害，比如耕地面积减少、水土流失、水源枯竭、农业环境污染严重。[24]

（三）PSR 框架模型

为了有效地处理资源与生态环境问题，我们需要确定并衡量对生态环境产生压力影响的诸如社会、经济和技术等各个方面的因素。例如，人口增加、基础设施建设、消费水平提升等外部环境的变迁会给生态环境带来压力，导致生态环境状况的变化。状态的变化包括好的方面和坏的方面，一般地，人们可能更容易感知到坏的状态变化。于是，为了有效应对并解决生态环境状况的压力问题，人们会采取措施和行动，开始矫正由于人类活动对环境的压力，维持环境健康，消减状态改变后的负面效果，更多的是通过采取行动改变引起环境恶化的驱动因素来阻止或者最小化环境恶化的结果。

"压力—状态—响应"框架最早是世界银行、联合国粮农组织、联合国发展署、联合国环境署联合开展的土地质量指标研究项目所提出的研究成果，它是一个概念性框架，后来为许多国际环保部门采用，现在已经广为使用。PSR 模型有助于我们判定人地关系链条上的因果效应关系，并且有助于我们理解并科学地分析环境资源的使用和问题。

PSR 模型是由互为因果关系的压力、状态和响应三部分组成的概念性框架（见图 2－1），压力指标、状态指标和响应指标之间没有明确的界线，在分析应用过程中，必须把压力指标、状态指标和响应指标结合起来考虑，而不能仅仅依赖某一项指标。

具体来说，首先是人类社会加之于生态环境的压力以及由此导致的环境现状；然后是对于由于压力导致的环境现状，社会为避免其负面影响，为终止或者阻止负面影响产生的压力所做出的响应。

其中压力通常被划分为潜在的影响因素或者动力，贸易的增长

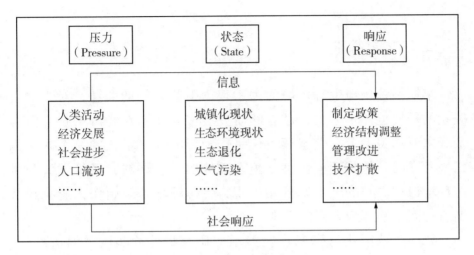

图 2-1　PSR 框架模型

等。环境的压力常被人们从政策的角度考虑，并被作为解决环境问题的一个起点。如城市人口不断膨胀、消费增长、工业废水城镇生活污水的排放、畜禽养殖污染和农药化肥的过度施用、土地资源的不合理占用等。

状态是指源于以上压力所产生的后果，如大气污染、土地污染和森林的减少等。环境的状况将会影响人类的健康状况以及社会经济网络。例如，生态环境恶化将会引起一系列的问题：植被破坏、水土流失加剧、市民健康状况恶化、流域水环境严重污染、生态系统健康恶化、清洁水源获取困难、交通支出时间增加、绿色食品获取困难等。

PSR 模型中的响应与社会、个人或集体（通常是由政府所集中实施）所采取的行动有关。通常这些行为用于终止或阻止生态环境产生的负面影响，改变现存的破坏环境行为或者保护自然资源，综合治理和修复生态环境等。这些响应包括转变经济发展方式、管制行为、环境整治、制度的优化演变、生态环境制度体系构建以及信息的提供等。

二、文献综述

早期城镇化与生态环境的关系很少引起人们的关注，对于二者关系的研究也并不多见，已有的研究更多地集中在经济增长与资源两者之间的关系上，生态环境仅是作为影响经济增长的一个附属因素来考虑的。随着环境污染与生态破坏的日益严峻，经济发展与生态环境保护之间的不平衡开始出现，生态环境才开始作为影响经济增长的因素逐渐为人们所重视。

我国对城市化与生态环境关系的研究尽管起步晚，但进展快。1985 年生态环境学家马世骏（1984）结合中国实际情况，提出以人类与环境关系为主导的社会—经济—自然复合生态系统思想。王如松（1988）提出城市生态系统的自然、社会、经济结构与生产、生活还原功能的结构体系，用生态系统优化原理、控制论方法和泛目标规划方法研究城市生态。1987 年在北京召开的"城市及城郊生态研究及其在城市规划、发展中的应用"国际学术讨论会，标志着我国城市生态学研究已进入蓬勃发展时期。1992 年以来，在世界环境与发展大会的推动下，我国城市化与生态环境方面的优秀研究成果不断涌现。总体上，国内的研究亦可分成理论与实证两个方面。

（一）理论研究方面

陈波翀和郝寿义（2005）采用一般均衡的方法，从供给和需求的角度，得出自然资源是中国城镇化快速发展硬约束的结论，并认为经济全球化有利于增加自然资源的供给，城市化道路的偏好直接影响到城市化水平。[25]刘耀彬等（2011）从理论上首次推导了资源环境约束下的城市化水平的一般均衡模型，以健康的城镇化发展为目的，在考虑资源约束和环境承载力的阈值下，测算出研究区江西省农村人口向城市部门转移达到稳定状态下的均衡城市化水平为79.23%。[26]王家庭和郭帅（2011）运用数理经济分析方法，在综合索洛生产函数以及拉姆齐—卡斯—库普斯曼效用函数的基础上，将生态环境因素（主要考虑环境污染问题）引入到城镇化问题分析框架中，构建了生态环境约束条件下的最佳城镇规模模型，试图从理论上解释生态环境约束对城镇化发展的影响。[27]盛广耀（2009）认为，经济发展与资源环境消耗之间的倒"U"形曲线与城镇化与资源环境消耗强度变化曲线在逻辑上是一致的，是同一个过程的两种不同表达。其含义是，一般而言，城镇化的速度和规模在很大程度上影响着资源环境消耗的强度和数量，这是城镇化与资源环境消耗关系的一般规律。这一研究将Grossman的关于经济增长与环境污染论述与城镇化与生态环境之间建立起了联系，为实证研究提供了理论上的支持。[28]

应瑞瑶和周力（2006）利用计量经济学对我国环境库兹涅茨曲线的存在性进行实证检验的结果表明，我国的环境库兹涅茨曲线并不是必然存在的，不同环境污染指标与经济发展的关系存在显著差异，人均工业粉尘和人均一氧化硫排放量在一定阶段上呈现环境库兹涅茨曲线所描述的倒"U"形曲线，而人均工业废气、人均工业废物和人均工业废水均与"环境库兹涅茨曲线"假说截然相悖，并得出我国在经济快速增长的同时应该合理保护环境与利用资源，努力实现可持续发展的战略目标的政策结论。[29]

方创琳和杨玉梅（2006）的研究表明，城市化与生态环境之间存在着客观的动态耦合关系，这种耦合关系可以看作是一个开放的、非平衡的、具有非线性相互作用和自组织能力的动态涨落系统，称其为城市化与生态环境交互耦合系统。作者根据耗散结构理论和生态需要定律理论，从理论上分析了城市化与生态环境交互耦合系统满足的六大基本定律，即耦合裂变律、动态层级律、随机涨落律、非线性协同律、阈值律和预警律，认为这六大定律是研究分析城市化与生态环境交互耦合过程必须遵循的基本定律，对系统揭示城市化过程与生态环境演变过程之间的交互胁迫和动态耦合关系具有重要的理论指导意义。[30]

黄金川和方创琳（2003）用代数学和几何学两种方法对环境库兹涅茨曲线和城市化对数曲线进行逻辑复合，推导城市化与生态环境交互耦合的数理函数和几何曲线，揭示出区域生态环境随城市化的发展存在先指数衰退、后指数改善的耦合规律。认为交互耦合的过程分为低水平协调、抵抗、磨合和高水平协调四个阶段，城镇化与生态环境之间存在胁迫与约束的耦合机制。其中，城镇化对生态环境的胁迫主要是人口、企业和交通等活动过程中排放的污染形成的，生态环境对城镇化的约束主要是通过改变人口和资本的流向所引起的。[31]

刘耀彬和宋学锋（2005）建立了工业化综合水平指数与城市化综合水平指数之间的协调度模型。对改革开放以来 24 年的中国区域工业化与城市化协调度的时空进行分析，发现从时间上看，1978—1991 年是中国工业化与城市化不协调发展时期，而 1992—2001 年是基本协调发展时期；从空间上看存在着明显的地带性差异，东部地区大部分省区的协调度较高，中西部除了少数省区协调度较高外，其他大部分省区的协调度都较低。经济发展水平高的省区的协调度相对较高，而经济发展水平相对较低的省区协调度相对较低。[32]

刘耀彬和李仁东（2006）从中观层次出发对江苏省城市化与生态环境耦合规律的研究显示，江苏省各个环境压力要素和城市化耦合的规律与特征相差很大，不仅呈现出"U"形、倒"U"形或"N"形规律，还表现出阶段性特征，所以实际中的耦合规律曲线就更为复杂，不再是简单的"U"形或倒"U"形而是它们的复合。[33]

杨文举和孙海宁（2002）认为，城市化与生态环境系统建设不仅具有明显的阶段性特征，它们之间的相互作用、互相关联的特点也异常明显，所以城市化进程中的生态环境问题只能靠城市化的充分发展才能得到解决。[2]

赵宏林（2008）的研究认为城市化与生态环境之间存在着客观的动态耦合关系，一方面，城市化进程的加快必然会引起生态环境的变化，这种变化在城市化发展初期体现为生态环境的恶化，在城市化发展的中后期则表现为生态环境的良化；另一方面，生态环境的变化必然引起城市化水平的变化，这种变化表现为当生态环境改善时可促进城市化水平的提高和城市化进程的加快，当生态环境恶化时则限制或遏制城市化进程。城市化与生态环境之间的耦合关系可以看作是一个开放的、非平衡的、具有非线性相互作用和自组织能力的动态涨落系统，称其为城市化与生态环境耦合系统。[34]

陈云凤等（2008）针对土地利用及城市发展系统的不断发展变化的动态特征，应用系统动力学的方法，研究了城市土地可集约利用和城市可持续发展的问题，并建立了中国城市土地利用与城市可持续发展的系统动力学模型。对比了在城市容积率高低两种政策下模型模拟的运行结果。根据模拟的结果，提出了积极发展大城市、提高城市容积率和加强土地管理工作等相关建议。[35]

陈晓红等（2009）提出，城市化与生态环境协调系统是在要素的集聚与扩散、技术进步、制度与制度创新、产业结构调整与升级、人口素质的提升与城市文明传播等多种机制的共同作用下发展的[36]。

曹胜亮和黄学里（2011）的研究认为，城镇化是中国经济发展进程中不可回避的重要阶段，也是促进广大农村地区经济发展的重要突破口，具有重大的战略意义；盲目推进城镇化却让我们陷入了一种价值悖论，即环境污染与经济发展的恶性互动，使我们从"富饶的贫困"逐渐走向"贫困的富饶"。[24]

荣宏庆（2013）认为，在新型城镇化进程中，转变经济发展方式，推进生态城镇建设，加强生态环境制度体系构建，是城镇生态文明建设的最优路径选择。[37]

（二） 实证研究方面

刘金全等（2009）基于线性和非线性计量模型，采用中国 29 个省区 1989—2007 年废水、固体废弃物和废气 3 种污染物与人均收入指标对中国的环境污染与经济增长之间的相关性进行了实证分析。结果表明：人均废水排放量随人均收入增加均呈现先上升后下降的变化趋势，而人均固体废弃物产生量和人均废气排放量随着人均收入变化呈现单调上升的趋势。[38]

李国柱（2007）通过建立环境污染对经济增长影响的动态优化模型得出环境污染对经济增长具有门槛效应，当污染水平小于这个门槛时，平衡增长率小于 0，但放弃或部分放弃经济发展来保护环境是不可行的，需要以环境保护优化经济增长的重要结论。[39]

李国璋和孔令宽（2008）通过应用广义脉冲响应函数法对中国的环境污染和经济增长之间是否符合环境库兹涅茨曲线的关系进行实证研究，发现：①需要采取措施控制污染，保护自然环境减少污染，实现集约化的增长模式；②倒"U"形的 EKC 曲线分析工具不能盲目套用，需要具体问题具体分析。EKC 曲线不能成为先污染后治理的借口，需要在促进经济增长的同时，也要关注环境问题，从而达到两者和谐发展的状态。[40]

也存在许多文献验证了中国经济增长与环境污染关系的 Kuznets 曲线关系。如陈华文（2004），马树才、李国柱（2006），许士春（2007）等文。秦向东等（2008）选用 1990—2005 年期间我国 6 类能源的消耗指标从产业结构角度探讨了工业污染对环境质量的影响，从时序维度考察了我国有色金属行业产量变化与其能源消耗之间的长期均衡关系和相互作用机制。研究发现，有色金属工业的产量增长并不必然导致环境的恶化，这一结论对于我国现阶段的产业结构调整和政策取向具有一定的借鉴意义。[41]

杜江和刘渝（2006）对环境库兹涅茨（EKC）假说进行了扩展，通过选取 1998—2005 年中国 30 个省（市、自治区）的面板数据，构建了 6 类环境污染指标同城镇化水平及控制变量的计量模型。研究表明：不同的污染物指标与城镇化水平之间存在着或正或反的"U"形曲线关系；贸易开放并不一定造成环境的恶化，产业结构变动是造成环境污染的重要因素；技术进步引致的单位 GDP 能耗下降能减轻环境污染压力；对于处于倒"U"形曲线左半段的地区，可以因地制宜地制定相应政策以加快越过曲线的转折点，从而降低城镇化发展所带来的环境压力。[42]

还有一些经济学家对环境库兹涅茨曲线的研究虽然包括了人口密度并将其作为影响污染强度的一个因素，但是得出许多混合的结论。没有一个研究对人口和污染之间的关系作出过深入的分析，或者检验人口水平或者其他人口因素对于污染的广泛影响。

冯兰刚和都沁军（2009）研究了河北省城市化的迅速发展对水资源的胁迫效应，发现大部分年份总用水量曲线在水资源总量曲线之上，说明在经济发展过程中，总用水量已经超过水资源循环系统的动态水量。并指出在城市化进程中，必须把生态建设，特别是水生态建设作为"可持续发展"的重点，坚持"人水相亲、自然和谐"的水生态安全理念，以水生态安全与水资源的可持续利用来保障与促进城市乃至整个国家的可持续发展[43]。都沁军等（2009）运用误差修正模型，分析河北省城市化发展水平与水资源利用之间的关系，认为二者之间存在协整关系，随着城市化进程的加快，用水量不断增加，水资源逐渐成为河北省城市化发展的瓶颈。[44]

姜乃力（1999）从微观角度探讨城市化引发的城市"热岛""混浊岛""雨岛"及局地环流等气候效应等，分析了城市气候效应对大气环境的影响；[45]盛学良等（2001）从宏观角度论述生态城市建设的基本思路，构建了反映生态城市建设进程的相对完整的指标体系，并提出各指标因子的量化评价标准值。[46]

许宏和周应恒（2011）对云南省城市化水平与生态环境耦合规律的定量研究显示，城市化水平与工业废水排放的耦合曲线呈"U +倒 U"形，与工业废气排放量、工业固体废物产生量呈现出"U"的右半部分，提示城市化对资源环境的压力较大，并没出现典型的倒"U"形曲线。[47]

陈彤和任丽军（2013）通过建立城市化与水环境综合评价指标体系，采用熵值法定量揭示 1995—2010 年山东省城市化与水环境系统的主要影响因子。发现山东省城市化对水环境的胁迫性在城市化发展初期较为显著，后期相对较弱，而水环境对城市化的约束作用始终较小。山东省城市化与水环境耦合协调度分别经历了严重失调的低度耦合期、失调的拮抗期、基本协调的磨合期和良好协调的高度耦合期。[48]

陈傲以中国 29 个省际截面数据为样本，采用因子分析赋权的研究方法，评价了中国区域生态效率的差异性，并以区域生态效率评价值为因变量，利用线性回归模型，分析了环保资金投入、环境政策及产业结构等对生态效率的影响。[49]

宋建波、武春友构建了城市化与生态环境发展水平的评价指标体系，并计算了长江三角洲城市群的城市化与生态环境发展水平，得出长三角城市群的城市化总体水平滞后于生态环境发展水平的结论。[50]

陈晓红和万鲁河（2011）通过构建生态环境和城市化指标体系，研究发现东北地区城市化与生态环境协调发展的总体态势良好，但协调程度提高的空间很大；东北地区城市间的协调发展程度存在较大差异；资源型、粗放型的城市经济增长方式是东北地区生态环境滞后型城市居多与资源型城市协调度不高的根本症结；一定地域范围内大城市的集聚与迅速扩展以及以重化型为主的产业结构对生态环境的干预大大增强。[51]

张云峰和陈洪全（2011）以江苏沿海三市 2000—2009 年统计数据为基础，分别从人口、经济、空间、社会城镇化和生态环境压力、状态、响应等层面构建了城镇化与生态环境协调发展的综合评价指标体系，利用协调发展模型对其演化趋势进行了量化分析。发现城镇化与生态环境协调发展度指数表现出多样化的等级类型，当城镇化水平发展到一定阶段，生态环境压力也随之增大，同时人们的环境保护意识也逐步增强，两者之间的交互作用逐步走向适应与协调。[52]

罗能生等（2013）利用中国 1999—2011 年省际面板数据，基于超效率 DEA，在测度区域生态效率的基础上，通过对 IPAT 模型扩展建立了面板数据计量模型，研究了我国区域生态效率与城镇化水平的关系。研究发现，城镇化水平与区域生态效率呈非对称"U"形关系，且东、中、西区域差异明显，东部地区城镇化进程中的生态效率较高，部分省份已进入"U"形曲线的上升阶段，中、西部还处于"U"形曲线的下降阶段，而产业结构、环境政策和技术水平都从不同方面影响城镇化的生态效率。[53]

沈清基（2013）认为，城镇化具有较大的作用力，从而具有正、负效应。人类必须对城镇化的负面效应加以限制，其中关键举措之一是基于生态文明推进城镇化；在推进城镇化的同时推进生态文明建设，使城镇化的速度、规模、强度与生态环境承载力的演替进程相适应，保证城镇化的发展始终在生态环境的阈值范围内。[54]

杨茗（2013）认为，建设绿色生态城镇是时代发展的需要，更是人居环境与自然环境可持续和谐的需要，是生态文明的重要特征。发展农村绿色生态城镇化要摆正人与自然界的位置，培养整体（区域）意识和全局观念，将农村绿色生态城镇的选址和规划设计放在战略的高度考虑，要整合绿色生态城镇化资源，以绿色经济带动农村绿色生态城镇化的发展。[55]

周林霞（2013）认为，实现生态效益、经济效益与社会效益相统一的理想的城镇化发展模式，就必须坚持以人为本、可持续发展、城乡统筹发展等社会发展的价值原则，从政府机构、企业组织和公民个体三个维度着手，确立公正的生态伦理理念，树立发展循环经济的生态伦理意识，培育公民个体绿色消费的生态伦理素养。[56]

李爱梅等（2013）将区域生态系统置于更大的生态系统之中，以判断区域生态承载力的大小。他们认为，如果仅将区域取得的效益规模作为承载大小的判断，忽视对区域生态系统的破坏，承载显然是不能持久的；同时，如果忽视区域外的生态系统的破坏，那么无论对于和外界生态系统互相沟通的区域生态系统本身，还是对于整个外界生态系统，承载都是不能持久的。长期发展下去，生态系统将会出现过度使用或者生态系统服务外部占用越来越多等现象，将进一步造成城镇生态经济系统的破坏或更大尺度的生态系统问题。[57]

（三）对相关研究的评述

国内学者对相关问题的研究主要集中在对问题的介绍和描述上，而后进行实证分析。研究方法具体可分为两个方面：第一，数据多是集中于公布的全国性数据，很少有数据来自于大规模的问卷调查，可能原因是囿于资助力度或者相关数据通过调研单个学科的调研难以取得，难以开展具有相当规模的问卷调查；第二，已有的研究多倾向于检测环境库兹涅茨曲线在中国的实用性，而较少关注城镇化与生态环境形成的基本制度背景及其背后复杂的经济制度根源。因此，应从区域整体着眼，多学科联合起来开展综合研究工作，通过多要素比较的深入分析，揭示新型城镇化与生态环境响应机制和调控机制，提出相应的政策措施，为区域持续、协调发展提供指导方略，为决策部门提供决策依据，推动形成人与自然和谐发展的现代化建设新格局。

第三章　城镇化的生态环境效应分析

一、城镇化进程中生态效应的内涵

生态环境问题从区域角度来看，大体可以区分为全球环境问题和地区环境问题两个方面。一方面，全球气候环境问题牵扯跨大洲、越大洋的整体性气候变化，诸如地球变暖、酸雨增加、沙漠化蔓延、生物种类变少等。另一方面，地区环境问题集中在相对较小的地域范围内，主要包括区域内对环境造成破坏的公害问题，例如垃圾等废弃物的增加、城市热岛效应、水质污染、土壤污染、生态系统的破坏等。我们主要关注地区环境问题。

生态效应是指人为活动造成的环境污染和生态破坏引起生态系统结构和功能的变化。如大气层中的二氧化碳含量由于植物的吸收保持在稳定值270ppm左右，而人类的生活和生产活动排出的二氧化碳量日益增加，但森林、草地等面积却日益减少，致使大气中二氧化碳含量增加到20世纪70年代中期的320ppm左右。同时，大气层中二氧化碳浓度的不断增加，会使地面的长波辐射不能反射到外层空间，有科学研究认为这会使气温升高，对整个生物圈将有难以预测的影响。人类生产和生活活动排放出的各种污染物，如二氧化氮、二氧化硫和氟化物等对大气环境的污染，氮、磷等营养物和汞、镉、铅等重金属对水体的污染，化肥、农药、石油、放射性物质等进入环境，都引起相应的生态环境效应。

城镇化进程中的生态效应是指在人类社会由乡村向城镇转型的过程中，人类的生产、生活活动对环境、生态的影响以及由此引起的生态系统结构和功能的变化。[58] 城镇化进程中的生态效应包括正面效应和负面效应：一方面，城镇作为人群、物质和能量高度集中的区域，物质能量的高速流转使得居住其中的人群充分地享受了现代化带来的便利与舒适，当农业文明的主题逐渐被工业文明所取代的时候，城镇和环境的相互影响对人类的生产生活方式的影响作用进一步彰显，如交通运输体系的不断发展使得人们的出行变得越来越自由，物质的极大丰富使得生产生活资料的获得更为方便。合理的城镇布局将会进一步促进城乡经济的协调发展，城市人口积聚后卫生环境将得到改善，各种生活垃圾将得到有效处理，土地将被最有效地利用，节约了资源，且城镇不断延伸的交通路线也使得农产品的商品化率不断提高，同时农村又为城镇的技术提供了应用的场所，促进了生产力的转化。另一方面，城镇化所带来的人口、资源、环境等问题也使城镇化的发展面临困境。随着工业化与城市化的推进，人们不断追求生活水平的提高，走上了一条高生产、高消费、高废弃的发展之路，资源利用的不合理和环境污染的不断累积使得三者的矛盾不断尖锐，城镇化所造成的环境污染和生态破坏的城镇现象比比皆是，如拥挤、混乱、环境恶化、生态失衡、污染转移与扩散等，这给人类赖以生存的生态环境造成了极大的破坏，导致全球气候环境与地区环境不断恶化。一旦城镇环境容量的阈值被突破，不堪重负的城镇体系必将陷于崩溃的境地。城镇化进程中计划不周或缺乏生态观点的大型水利建设，草原的不合理垦牧，湖泊、海湾的不合理围垦，林木的滥伐，鸟、兽、鱼类的滥猎、滥捕等，也能引起生态失调和环境质量的恶化。最后，污染的扩散也将进一步激化城乡矛盾，影响城镇化进程的推进，城镇的污染物转移到农村不仅会对农业和农村构成严重的威胁，而且作为城镇大环境的农业和农村环境的恶化反过来又将会威胁整个城镇体系的可持续发展。城镇和生态环境关系密切，两者相互作用，相互影响，维持着一种动态的制约关系[58]。

二、城镇化的生态环境增值效应

经济发展、城镇数量不断增加、城镇化水平迅速提高直接使城镇在对环境污染的集中治理等方面发挥了更大的规模效应的优势，城镇化也有利于缓解生态环境的压力问题，在促进社会可持续发展一定程度上起到了积极的作用；城镇化通过土地节约利用，为生态环境提供了空间支持。这些正反馈作用能使城镇化对于生态环境的压力在一定程度上趋于减小。城镇化对生态环境的增值效应主要体现在资源集约效应、人口集散效应、教育效应以及污染集中治理效应等方面。

（一）城镇化的资源集约效应

我国生态环境问题在很大程度上是由能源与资源利用效率低下所引发的。资源利用低下，意味着相同的经济产出排放废弃物的增多以及污染的增加。当前，我国生态环境现状不容乐观，一个较为突出的原因就是能源与资源利用效率的低下。我国 GDP 每新增 1 元钱要比世界上其他国家多消耗能源 3 倍以上，甚至比日本多 13 倍以上，全国煤矿资源回收率。仅在 40% 左右，特别是小煤矿的回收率，只有 15% 左右。中国科学院的《2006 年中国可持续发展战略报告》，对世界 59 个主要国家的资源绩效水平进行了排序，结果表明中国仅排在第 54 位，属于资源绩效最差的国家之列。[59] 不改变这种现状，我国的生态环境问题难以得到实质性的改善。通过推进城镇化发挥其资源集约效应对资源与能源的集约利用是大有裨益的。

首先，城镇化意味着技术水平的提高和应用，而技术水平是环境保护中的关键要素。从世界历史来看，城镇化不仅是一个人口聚集的过程，同时也是一个科学技术不断发展和传播扩散的过程。人口的聚集本身就具有一定的聚合效应，这不仅有利于技术水平的提高，而且也有利于先进的、符合生态的技术的推广应用。尤其对农业来说，把部分农民转变成市民，促进耕地走向规模经营，从而提高先进生产技术的推广和应用，将极大地提高农业生产效率，增加农民收入。

其次，城市化本身是一种集约化的发展方式，城市之所以形成和发展，在于它所具有的集聚效应和规模效应。而规模经济的取得，优化了资源配置效率，降低了发展的成本。

最后，城镇化意味着工业相对集中布局，这有利于资源的循环使用。城镇化是工业化的载体和依托，有利于资源的循环利用，资源的循环使用可以提高资源的使用效率，同时也可以减少污染。

（二）城镇化的人口集散效应[60]

人口与生态环境问题是息息相关的。不仅人口数量、人口素质与生态环境之间关系密切，而且人口的分布对生态环境也影响极大。在其他条件不变，总人口数既定的情况下，人口比较平均地摊在土地上与人口实现集中和分散的有机结合，其生态环境效益是截然不同的。人口走向集中与分散有机结合的过程，就是城镇化。人口实现集中与分散有机结合，也就是小集中、大分散，其生态环境效益显然高于人口相对平均分摊。人口向城镇适度集中，即"小集中"，其土地使用效率和生产要素的使用效率，比人口平均分摊要高许多倍，这是有利于生态环境保护的。同时，人口向城镇的集中可以使农村生态环境的压力减轻，农村人口就可以实现"大分散"，农村土地因而可以实现规模经营，有利于新技术的采纳和扩散，将增大单位产出降低单位能耗。这不仅促使生态效率大大提高，又可以避免滥垦、乱伐等生态破坏现象。农村生态环境状况良好，反过来为城镇生态环境提供强有力的支撑，从而城乡生态环境之间可以实现良性互动。著名人本主义城镇规划理论家刘易斯·芒福德指出，"真正成功的城镇规划必须是区域规划"，就是对这方面的凝练概括。

当前，我国的生态环境出现两难局面。不仅城镇生态环境问题比较突出，而且农村生态环境现状也不容乐观，水土流失、土地盐碱化、石漠化与沙漠化等问题亟待解决，这种两难局面就与城镇化质量不高有关。我国城乡生态环境问题，如果用城镇化过程对原因予以分析，可以归结为以下几个方面：一是人口缺乏集中造成生态环境问题，这在我国一些落后地区表现得尤为明显。由于历史等原因，这些地区不能适时地将农村剩余劳动力转移到城镇中，这些地区的大部分农户生活在高山区、石山区、深山区，且居住分散，农村中人地矛盾较为突出，生态环境脆弱，地处偏远，公共基础设施极度匮乏，加上多年来群众不合理的社会活动，有限的土地资源被过度开发，造成水土流失，生态环境被破坏，导致石漠化程度等不断加深，生态环境不断恶化，自然灾害频发。农村生态环境恶化的同时也削弱了城镇生态环境基础，城乡生态环境之间由此出现恶性循环。二是集中方式不合理造成生态环境问题。我国部分地区城镇化进程过于粗放，导致土地与资源浪费严重。表现在城镇方面，就是盲目追求外延扩张，粗放型发展，土地利用效率低下。目前我国很多地区在推进城镇化的过程中占用土地过多。一些地区人均地区生产总值刚刚过 1 万多美元，就把适宜开发的平原面积中的 50% 甚至全部用于建设了。而人均地区生产总值达到 4 万~6 万美元的日本三大都市圈、法国大巴黎地区、我国香港、德国的斯图加特等地区的开发强度只有 20% 左右。导致我国城镇用地产出率不仅远远低于发达国家，甚至和一些发展中国家相比较，也不占优势，这对生态环境显然是不利的。表现在农村方面，就是就地工业化集中程度低，缺乏规模效应，且技术水平落后，农村生态植被被破坏，农村水环境被污染，农村土壤环境被污染，农村固体废弃物等带来的污染，严重威胁生态环境。三是人口过于集中引发生态环境问题。这在一些大城镇中表现得比较明显，由于人口的过于聚集引起城市的人口过于密集，导致城市环境压力大，生态环境严重破坏，空气的悬浮粒子过量。因此，人口聚集也需要一个"度"，并不是越集中越好，过于聚集也会引发生态环境问题。

综上所述，我国城乡生态环境问题的解决，离不开城镇化过程。我们必须适当收缩我们生产与生活活动的空间，腾出更大的空间作为生态保障，辩证地处理集中与分散的关系，走人口适度集中与分散有机统一的道路，这样城乡生态环境才有可能实现良性互动。

（三）城镇化的教育效应

城镇化是指随着经济和社会的发展，人们的生活方式从农村生活向城镇生活的升级转化过程。这种转化目的是保证经济社会可持续发展。从这个意义上说，教育对城镇化的实施具有极为重要的作用。城镇化既是农业人口向城镇集聚的过程，也是资源深度开发利用、产业结构布局更加合理、经济发展形成新的格局的过程。这些都离不开人的素质的全面提高，都有赖于各级各类人才的支撑。同时，生态环境问题的解决与良好生态环境的保护，不是少数人的事情，它关乎人类社会的每一个个体的利益，同时其解决又离不开每一个个体。每个人的环境行为看似微不足道，但积累起来就会有放大效应，就是影响生态环境的巨大力量。只有广大人民群众具备良好的环境意识，并付诸实践，人类的生态环境问题才会改善。而无论是劳动者劳动素质的提升、劳动生产率的提升，还是良好的生态环境意识、合理的生态环境行为，首先离不开教育。人的素质是提高经济增长质量的根本因素，而教育在提高人的素质方面的作用不容置疑。城镇化需要生产要素的集聚，生产诸要素中最重要的是劳动者。高素质的劳动者可以使生产诸要素产生最大效益。城镇化要求第一、第二、第三产业的结构调整、优化、升级，需要提高产业劳动者的素质，而第三产业的发展更需要大量高素质的专门人才的支撑。同时，生态环境保护大业的成败主要在于人，可以通过宣传教育，培养人们的环境意识，使人们认识和把握自然规律，按自然规律办事，并投身解决环境问题的实践活动中去。正如1992年联合国环境与发展大会发布的纲领性文件《21世纪议程》中指出的那样，教育是促进可持续发展和提高人们解决环境和发展问题的能力的关键。在我国很多地区，尤其是经济不发达的农村地区，人们的生态环境意识十分薄弱，可持续发展的观念十分缺乏，为了微薄的利益大肆破坏自然环境。在我国的城镇中，许多人同样缺乏生态环境意识，由此导致的不合理的环境行为比比皆是。

而城镇化过程本身有助于推动教育发展，有利于教育资源的集聚，这是由城镇化的性质所决定的。城镇化本身并不仅仅是一个乡村人口转移到城镇中的过程，也不仅仅是一个城镇地域扩大的过程，更主要表现在社会文化层面，人的生活方式的变革与自身素质的提高是城镇化的核心内容。这其中包括人们综合劳动素质的提高，也包括生态环境意识的增强以及文明、健康等有利于生态的生活方式的确立。因此，城镇化不仅仅针对农村而言，城镇人同样面临一个"再城镇化"的问题。城镇化的展开，一方面，可以使更多的人直接接受教育或者接受更高质量的教育，因为城镇化过程同时也是一个教育机会扩大的过程，教育是提高劳动者素质、开发人力资源和推动科学技术发展的主要途径，它对人的发展和经济、社会发展起着全局性、先导性和基础性作用。城镇化可以使更多的人接受环境教育以及其他相关教育，这有利于劳动生产率的提升，有助于解决生态环境问题。另一方面，可以通过生活方式的引导与影响，使一部分人潜移默化地接受环境教育，也同样有助于解决生态环境问题。如不少城镇中的打工者，经过城镇文明的熏陶，开始由"传统人"向"现代人"转变，自觉降低生育意愿，提高生态环境保护意识，就属此类。

（四）城镇化的污染集中治理效应

良好生态环境的维护离不开污染治理，在某种程度上，污染治理水平决定着生态环境的状况。从现实来看，中国的污染处理设施主要集中在城市，城镇化带来人口适当集中有利于污染物的处理，这其中有一个规模效益与成本问题。其一，污染过于分散，就会无法集中处理或者使相应的运输成本加大，同时，运输过程本身也将产生一定的污染。而城镇化带来的人口相对集中从而污染就会相对集中，可以减少污染物的大量运输过程。也就是说，通过集聚效应和规模效应，可以合理高效地配置资源，显著提高资源利用效率，从而有助于缓解资源的稀缺状况，使原本某些无法运输的污染物如污水、人畜排泄物等，可以集中处理。其二，污染源的分散意味着集中治理难度的加大与集中治理成本的提高，而城镇化带来的人口集中从而污染物集中治理就可以克服以上的弊端。其三，有利于某些废弃物的重新循环利用。消费人口过于分散，从成本收益角度分析，废弃物的重新利用难以实施。而消费人口的适当集中，为废旧物品的回收再利用的产业化提供了规模保障，这对生态环境保护是大有裨益的。最后，城镇化可以采用先进的管理理念和技术手段，实现资源的循环利用和污染的集中治理，降低污染治理的成本，提高人为净化的能力，从而有助于缓解经济发展对生态环境的压力。因此，城镇化是有利生态的。人口过于分散，就不具有这方面的优势。当城市化发展到一定阶段，城市具备较强的环保综合能力，形成一定规模的环保投资，就能够获得污染集中治理的环保效益，实现城市化的经济效益、社会效益与资源环境效益的统一。只有通过城镇化，适当引导人口与产业实现一定规模的集中，生态环境治理才相对展开，治理才可以发挥规模效益降低治理成本、提高治理质量，生态环境问题从而能够得到缓解与改善。

三、城镇化的生态环境胁迫效应

城镇化的发展能够带来一定的生态增殖效应，但由于城镇化所带来的资源配置的改变、人口的聚集以及产业结构的调整，不可避免地给城镇带来了生态的胁迫效应。一是人口城市化通过提高人口密度增大生态环境压力。一般情况下，城市化水平愈高，人口密度愈大，对生态环境的压力也就愈大。二是人口城市化通过提高人们消费水平促使消费结构变化。城镇化具有促进消费的积极效应，城市化率每提高 1 个百分点，城镇居民人均年消费支出将增加 2.0083%，使人们向环境索取的力度加大、速度加快。

（一）城镇化的气候胁迫效应

城镇建设和发展改变了原来自然状态的下垫面和大气中的成分，尤其是工业、交通运输等事业的迅速发展带来煤的燃烧和机动车等排放的废气，增加了人为制造的热量、水汽和灰尘，使城镇内部许多气候要素发生变化，并且因大气系统的不同，城镇化阶段的不同以及城镇功能、发达程度与规模大小的不同而有所差异。在城镇五岛（热岛、干岛、湿岛、雨岛、混浊岛）效应中，城镇热岛效应是城镇化对气候影响的典型表现，近年来，很多城市出现了高温日数多、覆盖范围广、高温强度大，热害作为一种城镇的自然灾害呈现出了增多的趋势。又如雾霾天气，中国气象局的数据显示，2013 年以来，全国平均雾霾天数为 52 年来之最，安徽、湖南、湖北、浙江、江苏等13 地均创下"历史纪录"，以前雾霾天气主要出现在京津冀地区，现在长三角也很厉害。

（二）城镇化的水环境胁迫效应

水资源环境是城镇存在和发展最基本的物质条件之一，随着城市人口的不断增长，对城市用水的需求量日益加大。而现代城镇的水环境陷于缺水和洪涝灾害并存的尴尬局面的主要原因是城镇化所造成的地表性质的变化，沥青、水泥等工程材料代替土壤与植被，使得下垫面变得紧密不透水，雨水无法下渗到土壤之中以补充地下水，而大部分变成地表径流，在暴雨季节雨水迅速聚集，极易引发洪涝灾害，而且地下水得不到补充。城市基础设施建设方面，目前我国仍有城市没有污水处理厂。在污水处理设施得以修建的城市，能正常运行的也只有50%；还有的由于污水收集管网的原因，污水处理厂处理量不足设计处理能力的20%。正因为污水处理率的低下，中水回用水平低，大量城市污染负荷直接进入河流、湖泊，影响着我国各类水体环境质量。城镇化对自然界水循环的干扰引发了人类对于水资源的争夺，是造成现代水荒的重要原因之一。例如：我国北方的资源型缺水和南方的污染型缺水已影响到城市化进程，中国多数城镇甚至南方部分城镇，都出现了不同程度的水荒，城市因缺水而提高用水价格，会提高生活和生产成本，影响到城镇经济发展和市民生活质量，降低了城市竞争力，从而抑制了城市发展。同时，由于要优先保证城镇供水，这也在一定程度上影响到农村生活用水与农业生产。

（三）城镇化的生态环境胁迫效应

城镇化实质上是一个破坏原有的自然生态环境，创建以人为中心的人工生态环境的过程。城镇化改变了企业细胞的用地规模或占地密度，增加了生态环境的空间压力，引起产业结构的变迁。城镇化改变了对生态环境的作用方式，提升了经济总量，消耗了更多资源和能源，增大了生态环境的压力。按照城镇建设的需要破坏、修改、设计生物群落，严重地干扰了生物自身生长发育过程和规律，导致生物种类减少、群落结构简单、功能受损，城镇工业发展过程中排放出的污染物可以通过多种途径进入土壤，例如通过水体污染、大气中酸沉降、城市垃圾渗出液污染等。调查表明，越是城镇附近，土壤的污染越严重，重金属和有机污染物的富集、土壤酸化、肥力下降，土壤中的微生物大量减少。如高楼大厦、纵横的街道代替了森林，水泥路面覆盖了草地、绿野，野生动植物也在城镇中消失，城镇的绿地面积减少，结构简化，并且现有的多是人工植被，全靠人为维护，各种鸟类所赖以栖息的环境越来越少，导致植物病虫害增多，形成所谓的城镇荒漠。随着城镇化的扩张，一些城市的建设布局在空间上出现无序化乃至失控，耕地被大量吞噬，挤占其他物种的生存空间，导致生物多样性的丧失，生态系统的生态功能逐渐退化。

（四）固体废弃物、城镇噪声与放射性物质污染的生态胁迫效应

随着经济的发展和人们生活水平的提高，城镇化进程不断加深，人们生产和生活所产生的固体废弃物日益增多，特别是不能回收又不能降解的废弃物，给生态环境带来极大的危害。而且工厂机器、建筑施工、商业和娱乐活动、交通运输等导致的噪声污染，不仅妨碍人们的工作、休息，甚至影响人体健康。城镇化带来了噪声污染、电磁辐射污染、光污染、生物污染等。越是城镇化程度高的区域，污染的种类与危害越大，对人们的生理和心理损害也越大，影响人

们的生产活动和生活质量。此外，缺乏整体性、长远计划或生态思维规划的城镇布局致使城镇代谢缓慢，非污染危害性物质不能顺利排出而累积于城镇内部，引起生态失调和环境质量的恶化，造成非污染性的生态效应。环境污染加剧了城市生态系统的失衡。随着城镇化发展，高污染工业、机动车辆、人口密度、硬化路面不断增加，植被锐减，生态调节功能下降。

（五）城市交通扩张的生态环境胁迫

城镇化的扩张带来城市交通的不断扩张，交通基础设施建设引起水土流失和扬尘；交通运输产生噪音污染；汽车尾气带来大气及土壤污染；高架桥对景观破坏，产生视觉污染。城市交通扩张的生态环境效应机制为：城市交通扩张对生态环境产生空间压力；交通扩张刺激车辆增加，增大汽车尾气污染强度；交通扩张对城市化产生节奏性的促进和限制，使城市化的生态环境效应表现出一定的时空耦合节律。[31]

不仅如此，城镇化过程中还有许多其他问题，比如城市历史文化遗产的毁灭和城市特色的消失，城市小气候的恶化，就业问题的严峻和社会问题突出，城镇化和城镇发展的区域不平衡日益加剧，城市人口流行病预防难度加大，以及人与人之间关系的隔阂等问题。

四、城镇化生态效应的阶段性[58]

城镇化的不同阶段会对生态环境产生不同的影响，1979 年 Northam 认为城镇化发展的过程近似一条"S"形曲线，并且可以相应地划分为三个阶段：城镇化水平较低且发展缓慢的初始阶段（城镇化率低于 25%）、城镇化水平急剧上升的加速阶段（城镇化率等于大于 25%、小于 60%）、城镇化水平较高且发展平缓的最终阶段（城镇化率等于大于 60%、小于 70%）。不同城镇化阶段的发展对生态环境的影响存在差异。

（一）初始阶段的生态效应

在初始阶段，手工业、制造业还没有大规模进入城镇，维持城镇自身的发展所需的物质和能量需求还不是很大，城镇的发展对生态环境的破坏能力很微弱，城镇还保持着其良好的自然属性，城镇与周围的自然环境的交流是直接的，热岛等城镇现象还未出现，农产品的集中供应使得城镇便利的优势凸显，城镇的规模和结构还不足以产生热岛现象；城镇的自净能力强大，这一阶段城镇的发展几乎不对环境产生不利的影响，城镇和自然环境维持着一定的协调状态。

（二）加速阶段的生态效应

在加速阶段，由于科学技术的进一步发展，城镇的优越性进一步展现，手工业和制造业大规模地进入城镇，城镇发展开始均衡化，区域性的城镇体系开始形成，中心城镇的环境状况有所改善，然而，中心城镇的环境状况改善是以污染物的转移为代价的。在这一阶段，一些大中城镇开始采用清洁生产技术、环境治理技术治理环境恶化问题，或通过城镇合理布局将污染企业转移到非污染敏感区以减少对于城镇人群的直接危害。由于城镇的需求不断加大，城镇的资源变得紧缺，使人类对周边资源的开采强度加大，造成自然、草地、森林生态系统退化及导致水土流失和荒漠化，城镇可获取的资源数量锐减，获取难度陡增。在这一阶段城镇对生态环境的负面效应逐渐加强，而且表现为加速度递增。

（三）最终阶段的生态效应

在城镇化的最终阶段，城镇化水平达到 60% 以上，社会生产力高度发达，基于保护环境、保护生态、尊重自然的发展方向，继续优化升级产业结构，城乡融合进一步加深，城乡基础设施和基本公共服务一体化，城镇体系发展均衡，人居环境大大改善，对各种资源利用的便利性增强，自然环境的可接近度增加，城镇垃圾和污染物、污水的处理技术日臻成熟，生态型城镇开始兴起。所有的城镇都采用了环境保护政策和环保技术，城乡之间开始生态关联和有机联动，城镇化和生态环境开始协调发展。城镇化对生态环境的正面效应增加负面效应减少，周围的生态环境依赖于城镇化的集聚效应、规模效应有所改善，城镇化的速度趋于停滞，城镇化的内容逐渐从数量增长变为质量改善。

第四章　中国生态城市建设格局

　　城市建设以发展经济作为主导，以生态为基础。城市建设达到一定的水平，经济发展了，人们对生活质量和居住条件的要求也会随之提高，这会有利于城市的环境保护。一方面，经济发展使得城市管理部门能够拿出更多的建设资金用于改善环境，扩大城市绿地覆盖面积，使城市生态环境改善。另一方面，市民也会自觉保护赖以生存的城市生态，主动阻止对环境的破坏。从这个角度来看，城市建设与城市生态系统是和谐统一的。[61]然而，中国很多城市在城镇化的发展过程中，存在过于追求经济效益，忽视社会效益和环境效益的问题。在城镇化快速发展的形势下，也出现了一些影响城市全面、协调、可持续发展的生态问题。过去 20 年来的中国城市建设，在很大程度上是以牺牲自然系统的健康和安全为代价的，包括大地破碎化、水系统瘫痪、生物栖息地消失等。2013 年，弥漫全国的雾霾给中国城市的生态环境敲响了警钟。生态城市建设也是全世界城市建设和发展的重要趋势。我国在"十二五"规划中，提出要将建设资源节约型、环境友好型社会作为加快经济发展方式转变的重要着力点，建设生态城市成为未来中国城市发展的重要目标之一。党的十八大把生态文明建设纳入中国特色社会主义事业五位一体总布局。党的十八届三中全会提出紧紧围绕建设美丽中国深化生态文明体制改革，加快建立生态文明制度，健全国土空间开发、资源节约利用、生态环境保护的体制机制，推动形成人与自然和谐发展的现代化建设新格局。《中共中央关于全面深化改革若干重大问题的决定》中关于生态文明建设的新思想、新论断、新要求，充分表明了新一届党中央高度重视推进生态文明建设，决心团结带领全国各族人民努力建设美丽中国、走向社会主义生态文明新时代。中国特色社会主义，既是经济发达、政治民主、文化先进、社会和谐的社会，又是生态环境良好的社会。生态文明建设是中国特色社会主义的内在本质要求，必须把生态文明建设融入经济建设、政治建设、文化建设、社会建设全过程和各个方面。坚持和实现科学发展，必然要求生态文明建设与经济建设、政治建设、文化建设、社会建设相融合相协调，赋予经济建设、政治建设、文化建设、社会建设以生态尺度。本章在理论分析的基础上，基于中国社科院城市与竞争力研究中心数据分析评估中国生态城市发展现状、基本特征和存在的问题。

一、生态城市概述

生态城市理论在不断发展，而生态城市所涵盖的内容也十分广泛和深刻。因此，目前还没有一个能让各方都认可的生态城市的概念。黄肇义和杨东援（2001）认为，生态城市是全球区域生态系统中分享其公平承载能力份额的可持续子系统，是基于生态学原理建立的自然和谐、社会公平和经济高效的复合系统，同时具有自身人文特色的自然与人工协调、人与人之间和谐的人居环境。[62]著名学者王如松认为，生态城市是按生态学原理建立起来的社会、经济、自然协调发展，物质、能量、信息高效利用，生态良性循环的人类聚居地。赵春雨和方觉曙（2010）认为，生态城市就是要在市域时空尺度下，使技术与自然、社会充分融合，使人的创造力和生产力得到最大限度发挥，使人民的身心健康和环境质量得到最大限度的保护，使物质、能量和信息得到高效利用。生态城市被认为是城市发展的最高形式，其城市规划也必然有别于过去的发展经济的城市规划，它是一个复杂的、拥有多元组合的系统。[63]金良浚（2013）认为，新型城镇化必须践行"生态文明"的观念，积极推进生态文明建设，使子孙后代永享优美宜居的生活空间、山清水秀的生态空间，顺应时代潮流，契合人民期待。要把生态文明理念和原则融入城镇化全过程，良好的生态环境将是未来小城镇核心竞争力的体现；同时认为，新型城镇化应充分挖掘地方文化特质，打造富有地域化特色的城镇形象；深入挖掘城镇内涵，从文化角度，满足人的需要，树立文化品牌，改变"千城一面、百镇同貌"的状态，使城镇保持特色优势。[10] 盛学良等（2001）认为，生态城市建设是一项涉及经济、社会、人口、科技、资源与环境等子系统组成的时空尺度高度耦合的、复杂动态开放巨系统的系统工程；生态城市思想有着极为深刻的哲学背景、社会背景乃至心理背景；生态城市内容涉及地理学、生态学、环境科学、人口学、系统工程学、技术学、经济学、社会学、法学、伦理道德学等许多相关领域。[46]

虽然不同的学者对其内涵的认识各有侧重点，但整体上都认为生态城市的实质是实现人与人、人与自然的和谐，认为生态城市是城市与周边关系趋于整体化，形成互惠共生的统一体，实现区域可持续发展。建设生态城市，并不是放弃对物质生活的追求，回到原生态的生活方式，而是使人类生产、生活活动限制在自然环境可承受的范围内，走生产发展、生活富裕、生态良好的文明发展道路。

生态城市具有以下几个特点：一是生态性。生态城市中的生产和消费都必须树立生态理念，人类社会的一切社会实践活动都必须以节约资源和保护环境为前提。生态城市在制定和规划城市发展目标时，应当仔细考量生态系统的承载力，将社会系统、经济系统和生态系统看作一个有机的整体，任何一方的发展都不能以损害另一方为代价。生态城市应当具有合理的生态结构、和谐的生态秩序以及完善的生态功能。二是自律性。生态城市追求系统整体功能的高利用和增值，但生态城市的发展不能超越生态系统所能承载的范围而强调资源和环境发展的可持续，否则就会造成严重的后果。三是可持续性。建设生态城市，就是为了城市能够实现可持续发展，生态城市要求资源合理公平配置，注重技术、资源、信息、经济等成果的分享，协调发展与保护，为区域间、区域未来的发展负责，进而形成社会的可持续发展。强调减轻资源消耗过大和环境污染过重的压力，倡导生态消费、绿色消费、低碳消费。

二、中国生态城市发展阶段

20 世纪 70 年代中国开始有关生态城市的理论研究和城市生态环境治理的实践探索，2003 年生态城市建设全面推进。中国生态城市建设全面推进是伴随着工业化和城市化水平的不断提高、经济的持续高速发展带来的城市生态环境日益恶化，人口、资源与环境矛盾日益加剧而产生的。其经历了认识逐步深化、解决具体生态环境问题到全面建设生态城市三个阶段。

(一) 认识深化与理论摸索阶段

1971 年，联合国教科文组织科学部门于 1971 年发起的一项政府间跨学科的大型综合性的研究计划——"人与生物圈"研究计划，对生物圈不同区域的结构和功能进行系统研究，并预测人类活动引起的生物圈及其资源的变化，及这种变化对人类本身的影响。并提出了"生态城市"的概念，最早提出了从生态学的角度用综合的生态方法来研究城市问题以及城市生态系统的思路。把生态城市定义为"从自然生态和社会心理两方面去创造一种能充分融合技术与自然的人类活动的最优环境，诱发人的创造力和生产力，提供高水平的物质和生活方式"。此后，以城市可持续发展为目标，以人与自然、环境与经济、人与社会和谐共生为宗旨，以现代生态学的理论和方法来研究城市，逐步形成了现代意义上的生态城市理论体系。当时中国的城市化水平还很低，城市化过程中的生态环境问题还未显现，但中国于 1972 年参加这一计划，一直是"人与生物圈国际协调理事会"的理事国，还成立了中华人民共和国人与生物圈国家委员会。人与生物圈计划在国际上引起普遍的重视，已有 100 多个国家参加这一计划。1972 年北京市成立了官厅水库保护办公室，河北省成立了三废处理办公室共同研究处理位于官厅水库畔属于河北省的沙城农药厂污染官厅水库问题，导致中国颁布法律正式规定在全国范围内禁止生产和使用滴滴涕（DDT）。1973 年成立国家建委下设的环境保护办公室，后来改为有国务院直属的部级国家环境保护总局。1986 年江西省宜春市首次提出了建设生态城市的发展目标，并于 1988 年初进行试点工作，这被认为是我国生态城市建设的第一次具体实践。宜春市的生态城市建设理念开启了我国生态城市建设的探索之旅。

（二）城市生态环境整治阶段

中国生态城市建设的实践是从具体的城市生态环境问题整治入手的。1988 年 7 月，国务院环境保护委员会发布《关于城市环境综合整治定量考核的决定》，这意味着我国城市建设思想发生转变的开始，开始认识污染防治以及生态环境建设在城市发展过程中的重要作用。为了提升城市生态环境保护水平，从单纯的环境问题整治提升到城市生态环境建设。在 1995 年召开的党的十四届三中全会上，提出了实现"经济增长方式"和"经济体制"两个根本性转变的战略要求。1996 年，我国制定了《国家环境保护"九五"计划和 2010 年远景目标》，提出城市环境保护"要建成若干个经济快速发展、环境清洁优美、生态良性循环的示范城市，大多数城市的环境质量基本适应小康生活水平"的要求，国家环境保护总局于 1997 年决定创建国家环境保护模范城市，这为全面推进生态城市建设打下良好的基础。

（三）生态城市建设全面推进阶段

新世纪以来，温室效应、资源短缺、环境污染和生态失衡问题日益严峻，生态城市建设也逐步由理论走向了实践层面。2000 年，国务院颁发了《全国生态环境保护纲要》，明确提出要大力推进生态省、生态市、生态县和环境优美乡镇的建设。2003 年 5 月，国家环保局发布《生态县、市、省建设指标（试行）》，根据可持续发展三大支柱的内涵，从经济发展、生态环境保护、社会进步三个方面制定了生态省、生态市和生态县建设指标体系，对生态城市建设的评价标准做出了比较明确的规定。2003 年 10 月，党的十六届三中全会明确提出了"坚持以人为本，树立全面、协调、可持续的发展观"的要求。2005 年 6 月 27 日下午，胡锦涛指出："节约能源资源，走科技含量高、经济效益好、资源消耗低、环境污染少、人力资源优势得到充分发挥的路子，是坚持和落实科学发展观的必然要求，也是关系中国经济社会可持续发展全局的重大问题。"2005 年 9 月，国务院颁发了《国务院做好建设节约型社会重点工作通知》，对建设节约型社会工作进行了部署。2006 年，先后制定了《全国生态县、生态市创建工作考核方案（试行）》和《国家生态县、生态市考核验收程序》，对生态城市建设、验收、评价、考核等工作提供了具体的考查标准和有力的政策指导。2008 年 1 月对相关指标进行了修订，以期在实践工作中更具指导性和操作性。自此，生态城市建设在全国全面展开。截至 2011 年，我国 287 个地级以上城市中，明确提出建设生态城市目标的有 230 个，达到 80% 以上；提出低碳城市目标的有 133 个，达到总数的 46%；提出低碳生态城市建设目标的城市达 259 个，占全部城市的 90% 以上。很多城市在相关科研机构协助下编写了生态城市规划，开展生态城市建设。由此，国内生态城市建设初步形成以各级行政区域为主体的梯级体系，呈点线面相结合、齐头并进的建设格局。

三、中国生态城市评价指标

（一）指标选取

生态城市是按照生态学原则建立起来的社会、经济、自然协调发展的新型社会关系，是有效地利用环境资源实现可持续发展的新的生产和生活方式，其要求按照生态学原理进行城市设计，建立高效、和谐、健康、可持续发展的人类聚居环境。理想的生态城市是社会、经济、自然协调发展，物质、能量、信息高效利用，技术、文化与景观充分融合，人与自然的潜力得到充分发挥，居民身心健康，生态持续和谐的集约型人类居住地。从其内涵上说包括先进的生态伦理观念、发达的生态经济、完善的生态制度、可靠的生态安全、良好的生态环境等多个维度，虽然很难建立一个全面完整地反映生态城市特征的完善体系，但生态城市至少包括以下三个基本特征：

1. 资源节约

资源节约就是要在社会生产、建设、流通、消费的各个领域，通过采取法律、经济和行政等综合性措施，在经济和社会发展的各个方面，切实保护和合理利用各种资源，提高资源利用效率，以尽可能少的资源消耗获得最大的经济效益和社会效益，保障经济社会可持续发展。资源节约是从城市发展系统的角度来描述生态城市。

2. 环境保护

环境保护是人类有意识地保护自然资源并加以合理有效率的利用，防止自然环境受到污染和破坏；加强对受到污染和破坏的环境的综合治理，以创造出适合人类生活、工作的环境；进而协调人与自然的关系，让人们做到与自然和谐相处。环境保护是从生态的社会发展机制角度来描述生态城市的。

3. 生态状况

生态状况是指影响人类生存与发展的水资源、土地资源、生物资源以及气候资源数量与质量的总称，是关系到社会和经济持续发展的复合生态系统。生态环境问题是指人类为其自身生存和发展，在利用和改造自然的过程中，对自然环境破坏和污染所产生的危害人类生存的各种负反馈效应。生态状况是从城市生态本源的角度来描述生态城市。

在指标的城市级数据可得的前提下，根据指标最小化原则，选取的中国城市环境友好生态发展评价指标体系包括：单位 GDP 耗电、单位 GDP 耗水、单位 GDP 二氧化硫排放量、生活污水处理率、生活垃圾无害化处理率、人均绿地面积、降水丰沛度（见表 4 - 1）。

表4－1 指标体系

	二级指标	三级指标
环境良好的生态城市	资源节约	单位 GDP 耗电
		单位 GDP 耗水
		单位 GDP 二氧化硫排放量
	环境保护	生活污水处理率
		生活垃圾无害化处理率
	生态状况	人均绿地面积
		降水丰沛度

（二）数据处理方法

数据来源于中国社科院城市与竞争力数据库。由于香港、澳门的相关数据不全，考虑到期经济社会发展的现实状况，在某些缺失数据的指标里默认其生态城市发展排名最高。由于生态城市各项指标数据的衡量单位存在差异，因此，需要对所有指标数据进行无量纲化处理，再进行综合集成。本指标体系包括单一客观指标和综合客观指标。对于单一性客观指标原始数据无量纲处理，采取标准化、指数化和阈值法等方法，将基础指标转化为标准值后，消除量纲差异，使不同量纲的指标具有了可加性，同时也减小了不同指标间的方差差异。首先对综合客观指标原始数据构成中的各单个指标进行无量纲处理，然后再用等权法加权求得综合的指标值。标准化计算公式为：$X_i = \frac{(x_i - \bar{x})}{Q^2}$，$x_i$ 为原始数据，$\bar{x}$ 为平均值，Q^2 为方差，X_i 为标准化后数据。指数法的计算公式为：$X_i = \frac{x_i}{x_{0i}}$，x_i 为原始值，x_{0i} 为最大值，X_i 为指数。阈值法的计算公式为：$X_i = \frac{(x_i - x_{\min})}{(x_{\max} - x_{\min})}$，$X_i$ 为转换后的值，x_i 为原始值，$x_{\min}$ 为样本最小值，$x_{\max}$ 为样本最大值。

生态城市发展状况评估的指标分为三级，在三级指标合成二级指标和二级指标合成一级指标时，采用先标准化再等权相加的方法，其公式为：$z_{il} = \sum_j z_{ilj}$，其中 z_{il} 为各二级指标，z_{ilj} 为各三级指标。$Z_i = \sum_l z_{il}$，其中 Z_i 为一级指标，z_{il} 为各二级指标。

四、生态城市发展现状

（一）从格局看，城乡间分离严重

从整体水平来看，中国城市生态城市总体得分不高，287 个城市全域城市得分均值为 0.393，高于中位数。生态城市得分的核密度分析（图 4-1）表明，与正态分布相比，生态城市得分分布偏左，且波峰更高。这说明生态城市得分分布偏左。由于排在前面城市的优异表现，拉高了整体均值，城市之间差距较大。标准差为 0.156，说明中国城市还处在生态城市建设的初期阶段。

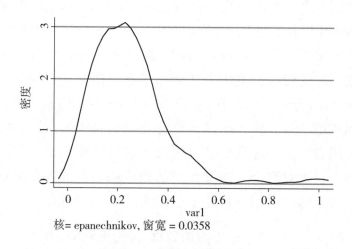

核= epanechnikov, 窗宽 = 0.0358

图 4-1　生态城市得分分布

城市间的生态城市发展不平衡。2010 年全域城市化综合得分排名前 10 的城市为澳门、香港、深圳、广州、长沙、烟台、威海、南昌、合肥、大连，排名前 10 的城市生态城市化指数均值为 4.731。从这 10 个城市的地理位置来看，前 4 个城市集中在东部沿海地区，说明自然区位对于生态城市建设的重要性。排名后 10 位的城市为张掖、白银、宜宾、吕梁、达州、百色、崇左、临汾、忻州、鹤岗，多集中在自然条件较差的地区。排名后 10 位城市生态城市化指数均值为 1.371，相差 3 倍多。如果排名前 50 位的城市视为最好，排名51～100 位的视为较好，排名 101～200 的视为一般，排名 201～250的视为较差，排名 250 位以后的视为差，生态城市化得分最好的城市均值为 4.075，生态城市化得分差的城市均值为 1.723（见表 4 - 2）。可以发现，城市之间在全域城市化发展方面存在较大差异，城市之间发展不平衡。

表 4 - 2　生态城市化指数整体情况

类别	样本数	平均值	标准差	最小值	最大值
最好	50	4.075	0.460	3.692	5.947
较好	50	3.457	0.111	3.299	3.686
一般	100	2.959	0.195	2.593	3.298
较差	50	2.347	0.138	2.086	2.569
差	37	1.723	0.263	1.045	2.070
总体	287	2.974	0.766	1.045	5.947

数据来源：中国社会科学院城市与竞争力数据库。

港澳明显好于内地城市。说明澳门和香港的生态城市竞争力相对较高，而内地城市在生态建设方面还有很长的路要走（见表 4 - 3）。重点城市对非重点城市的优势并不明显，4 个直辖市北京、上海、天津、重庆分别位于 67 位、26 位、94 位和 128 位。生态城市的竞争力平均得分为 3.472，但 15 个副省级城市要好于直辖市，直辖市好于内地城市平均得分。

表 4 - 3　生态城市发展重点城市比较

城市或区域	全国城市	内地城市	港澳	副省级城市	4 个直辖市
生态城市得分均值	2.974	2.953	5.930	3.864	3.472

数据来源：中国社会科学院城市与竞争力数据库。

从排名前50位的内地城市来看，山东有8个城市，江西有6个城市，广东有5个城市，安徽有4个城市，福建和河北各有3个城市，浙江、云南、辽宁、湖南、湖北、河南各有2个城市，新疆、宁夏、内蒙古、吉林、黑龙江、海南、江苏各有1个城市（剩下1个城市为上海）。其中，山东和江西表现非常抢眼，说明在山东沿海地区、江西鄱阳湖地区，城市的生态环境建设和生态环境保持相对较好。

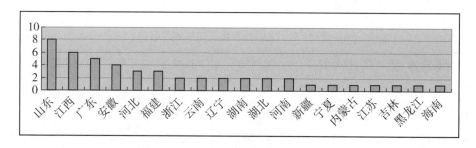

图4-2　生态城市前50位省份分布

从单位GDP耗电来看，得分最高的为澳门、陇南、香港、庆阳、常德、定西、巴中、长沙、渭南、咸阳；得分最低为焦作、石嘴山、中卫、洛阳、商丘、白银、嘉峪关、曲靖、安阳、百色。

从单位GDP耗水来看，得分最高的为澳门、鄂尔多斯、中山、中卫、陇南、榆林、玉溪、香港、朔州、东营，主要分布在严重缺水地区或者产业结构较单一的区域；得分排名靠后的10个城市为牡丹江、通辽、金昌、邵阳、白银、鸡西、蚌埠、渭南、衡阳、柳州。大都为水资源较丰富的地区。

从单位GDP二氧化硫排放量来看，得分最高的为三亚、海口、深圳、北京、澳门、香港、南充、广州、黄山、周口，多为第三产业占比较高的城市；排名靠后的城市为安顺、来宾、金昌、石嘴山、渭南、吴忠、白银、乌海、中卫、平凉。

从生活污水处理率来看，得分最高的为澳门、香港、平凉、梧州、景德镇、商丘、朔州、漯河、郑州和许昌，除港澳外，多为中小城市或水资源较为匮乏的城市；排名靠后的城市为丹东、白城、安康、商洛、七台河、崇左、陇南、达州、白山、宜宾。

从人均绿地面积来看，得分最高的城市为河源、黄山、十堰、随州、石嘴山、大庆、南宁、广州、香港和鄂尔多斯；得分最低的城市为陇南、昭通、六盘水、巴中、中山、贺州、来宾、亳州、贵港、佛山。

（二）分区域看，中部地区占优

一般而言，生态城市的发展水平与经济发展程度有直接的关系，我国的经济发展水平呈从东到西梯度分布，但从我国生态城市竞争力的地区分布来看，并不和经济发展相吻合。在生态城市前50位的城市中（包含港澳），中部地区最多，占了16席，东南地区占了12席，环渤海地区占了11席，西南地区只要4个城市，西北占据3个城市，东北占据4个城市。总体来看，在生态城市竞争力前50位城市中，最多的是中部地区，其中重点是江西和安徽，其次是沿海地区，重点是珠三角和山东沿海地区。

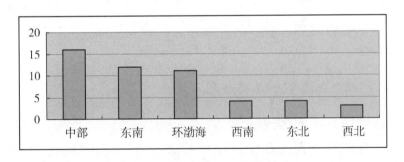

图4-3 生态城市前50位的区域分布

从各区域的生态城市竞争力平均水平来看，环渤海地区城市平均生态竞争力得分最高，平均为3.486；其次是东南地区，平均为3.424；接下来为中部地区，平均得分为3.005；西南地区、西北地区和东北地区均在全国平均水平以下。在排名后50位的城市中，西南地区占了16个，西北地区占了14个，中部地区占了11个，东北地区占了8个，东南地区仅有1个。我国城市生态城市竞争力的区域差异，导致我国城市的整体生态城市竞争力不强。

表 4 - 4　2012 年中国城市生态城市得分区域比较

	最好	较好	一般	较差	差	城市总数（个）	生态城市得分均值
东北	4	3	13	10	4	34	2.770
环渤海	10	10	10	0	0	30	3.486
西北	3	2	13	12	9	39	2.567
中部	15	12	30	14	9	80	3.005
西南	4	5	13	11	14	47	2.536
东南	14	18	21	3	1	57	3.424
全国	50	50	100	50	37	287	2.974

数据来源：中国社会科学院城市与竞争力数据库。

五、中国生态城市建设中存在的问题

目前我国的大多数城市规划还停留在以物质形态规划为主，追求人工秩序和功能效率的层面上，忽视城市区域和区域之间的生态环境，加之城市规模、数量快速增长，使城市环境破坏进入一个高峰期，带来城市建设中大量的生态环境问题。

（一）相关生态城市法律法规不健全

生态城市方面的法规政策体系建设还有待进一步加强。目前对生态城市建设具有促进和保障作用的法规政策体系较少，不具有系统性。在立法理念、立法内容、立法操作度以及相关法律法规的衔接等方面还存在一些问题，与生态城市建设发展要求不相适应。从政策上看，激励和引导生态城市建设政策的不全面、不健全，使生态城市建设项目的实施得不到明确的政策引导和支持。[64]

（二）规划不够合理科学

由于不同城市的生态特征存在明显的差异，因此，生态城市建设规划和目标的确立应在不违背生态城市建设原则和基本特征的前提下各有不同。一些地方政府过分重视城镇化率指标，将经济发展的宝全部押在 GDP 的提高上。大面积占用土地甚至耕地，地标性建筑层出不穷，盲目关注大城市和新城区开发，许多城市比较注重新城区开发，忽视了已建成城区的生态化转向。部分地区只看重眼前利益和局部利益，不注重城镇化和生态城市的内涵发展，采用超强度的开发和建设模式，高消耗、高排放、高污染、低效率的生产方式没有根本转变，甚至出现为单纯追求目标实现而违背生态规律的现象，资源过度消耗和环境污染严重的现状没有得到根本遏制，对生态城市建设造成了负面影响。[65]

在生态城市的建设方面，没有明确的指导思想和发展目标，部分城市也设定了具体的目标，但有的目标，超出了现有经济技术条件的支持，多数是宏观的笼统性目标，如鼓励循环经济、加快产业代谢、建立生态型经济等目标，不具有可操作性。在城市化过程中片面追求经济效益，无视生态环境。没有对城市绿地、城市建筑群的密度和高度、城市基础设施进行精心设计和安排。城市规划设计年限较短，造成急功近利的现象。生态城市本身就是一个复杂的系统工程，需要投入大量的时间、科技、经济和社会的参与等。这种大而全的规划在短时间内往往难以实现，会出现铺的摊子过大，效果差的现象，很多规划最后成了一纸空文。

（三）缺乏公众的广泛参与

生态城市建设的本质是追求人与自然的和谐发展，因此，公众的广泛参与是生态城市建设的关键环节。生态教育的普及与否，对于公众生态意识的提高起到了直接的作用。目前，我国公众的环境保护意识虽然有所提高，很多公众认为生态城市是政府的事情，出现规划实施和社会脱节现象。有的社会公众，认为生态城市建设就是城市绿化、环境治理，参与的积极性还不高，主要侧重于事后的监督，事前的参与不够，特别是在现行法律中还没有明确赋予公众环境权，尽管某些规定在一定程度上涉及环境权的某些内容，但规定过于原则和笼统，很难加以实施，影响了公众参与生态城市建设的积极性。[64]

（四）城乡生态环境恶化趋势没有得到有效遏制

表现在城市水环境、大气环境的退化，自然栖息地的碎化，历史记忆的消失，城市景观的同化等方面，城市生态环境呈现"局部改善，总体恶化"的态势。部分企业的污染物没有处理或者处理不达标就任意排放，部分地区还处在严重的偷排、漏排现象；城市居民生态意识不强，随意乱扔垃圾。生态城市建设中环境地质问题比较突出，城市地面过度硬化的现象非常普遍。地面过度硬化弊端：一是滞留地面的雨水造成交通拥堵甚至瘫痪；二是地下水得不到补充，造成缺水，使城市树木生长受到威胁；三是由于水下渗的减少，使城市土壤本来可以发挥作用的环境净化功能不能得到有效利用，土壤水库功能不能发挥；四是过度的城市地面硬化加剧了城市热辐射，使城市热岛效应进一步加大。

一味地追求城市美化亮化，破坏了原有的自然生态系统，营造了越来越多的人工环境，从而使城市演变成典型的人工复合生态系统；一些原来颇具地方特色及民族特色的城市，正在被着装一致的新建筑所淹没，忽略了城市生态系统的和谐发展；胡乱兴建大草坪大广场，导致建成后环境效益可能比改造之前还低，而且增加了维护费用等。

六、中国生态城市建设的原则

城镇化中生态城市的建设对经济社会的可持续发展、落实科学发展观、构建和谐幸福中国发挥着不可替代的作用，我们要认清城镇化背景下生态建设的困境，抓住机遇，走出一条符合中国国情、民情的生态城市建设和可持续发展道路。

（一）循序渐进的原则

生态城市的建设是一项复杂的系统工程，其实施需要系统而复杂的支撑条件，而在人们认识尚待深化、各种支撑条件远不完善的情况下，选择面向问题的重点突破，要比急功冒进的全面推进科学得多。我国人均资源占有量特别是水资源、耕地资源等生态资源远低于国际平均水平，因此，城镇化进度必须与生态系统承载力和资源保有量保持一致。首先，可以选取经济基础、地理位置、气候条件、风俗习惯等基础条件较好的一些城市作为试点，先行开展生态城市建设，积累经验，完善相关的支撑条件，培养人才，教育广大的公众。其次，选择突出的问题入手，容易得到方方面面的支持，同时投入也相对小得多，并且实施的主体也相对明确，容易取得实质性的进展。最后，累积动力。一个问题解决得好，可以为城市树立良好的形象，增加城市的吸引力，激发居民和决策者的自豪感与主人翁精神，使其有更大的意愿和投入来将生态城市的建设推向更深、更广。[66]

（二）多元化原则

我国各地生态城市建设应遵循生态城市的多样化原则。任何一个城市的生态系统都具有其生态特异性，生态城市的建设也应该不拘一格，每一个生态城市都应体现出其自身的区域特色。由于受地域差异、气候变差、人文历史的影响，不同城市之间的生态城市建设风格应有所不同，不能千篇一律，应根据各地的具体情况，充分发挥优势资源，选择最适合的多元化发展道路。

（三）政府主导原则

在国内生态城市建设取得阶段性成果的典型案例中，地方政府都发挥了主导作用。在当前的经济发展阶段，在生态城市的推进过程中，应该发挥政府的主导作用。生态城市的建设方向以及广度和深度在一定程度上都取决于政府的主导作用。生态城市的建设是一个兼具复杂性和长期性的工程，需要调动和利用众多的资源。只有政府才能充当好组织者的角色，把有利和有限的资源调配到生态城市建设最合理和需要的地方。生态城市的建设还是一个整体性、系统性的工程，只有政府才能充当好协调者的角色，协调好人与自然、经济增长和生态保护、局部利益和整体利益、城市与农村、本市与其他城市等方面的关系。

（四）系统性原则

生态城市的建设是一个庞大的且具有内在联系的系统工程，包括环境、社会或者经济等方面，必须兼顾经济、社会、政治、环境和文化五者的效益。生态城市是一个框架，是一个不可分割的有机整体，它容纳了经济、社会、政治、环境和文化五个方面，但却不是这些方面的简单机械的组合或者相加。它具有的整体功能是各个要素系统融合，它不强调各个系统要素的性能都处在最佳的状态，而是强调各个系统要素组合在一起具有最优的系统性能。[67]

（五）和谐性原则

生态城市应该是一个环境优美、文化氛围浓郁、经济可持续发展的互助群体，同时，其中个体的人可以充分发展自己，实现个体的目标。和谐性是生态城市的本质特征和核心内涵。和谐性包含的内容十分丰富，包括人与自然的和谐，也包括经济、社会、政治、环境和文化发展等方面的和谐，以及人与人之间的和谐。过去的城镇化建设过程中过多地强调经济发展和技术的力量，强调人要用科技去改造自然，去征服自然，导致了自然环境的退化，导致了人类内部关系的难以和睦相处，导致了现代文明的反自然扩张和人类社会自身的异化和变态。[67]

（六）规划先行原则

建设生态城市是历史发展的必然趋势。建设生态城市离不开创造性的规划设计，创造性的规划设计需要前瞻性的理论指导。开展对生态城市的研究成为城市（规划）研究的前沿课题。用新的生态价值观指导当前城市规划理论。进行根本性变革。系统地研究生态城市理论、原理及其规划设计方法、手段、技术等一系列问题。城市规划师、建筑师更应该改变观念，以适应时代发展潮流。在生态城市的规划过程中，政府需加强规划信息公开机制，实现政府政策透明、公开。各级政府应充分了解民意民情，广泛开展社会听证，减少重大规划决策失误，提高规划决策的科学性。

七、中国生态城市建设的对策

（一）加强政府管理

生态城市的建设往往首先由政府推动，自上而下地进行。鉴于生态城市的建设是一个复杂而又庞大的工程，需要耗费大量的人力、物力和财力联动协调才能解决，在中国目前市场力量还不很健全的情况下，唯有动用政府的力量才能够进行生态城市的建设。

首先，政府要发挥好规划者、管理者的作用。政府应做好城市中各功能区的规划，加强与生态管理有关的政策制定与完善，引导城市建设遵循生态型战略与规划的要求。如合理规划市场、鼓励发展低碳产业和循环经济、制定相应的税收优惠政策；对节能型环保产品给予政府补贴或者实行政府采购等；对于环境破坏严重的产业征收排污费或者勒令其停产。生态城市体现在城市规划、设计、建设和管理、生活方式、资源保护等各个领域。在生态城市的建设过程中，政府要发挥好组织、协调者的作用。政府需要把有限的资源配置到生态城市建设最需要的地方，以发挥其最大的效益。如进行城市大型重点环保项目的建设、城市重点生态基础设施的建设等。同时，政府还需要发挥其协调作用，协调城市建设中各个集体群体的利益，理顺关系，从而保证总效益的最大化。[67] 同时，要把可持续发展的思想纳入到党政各项工作中去，提高可持续发展的水平，逐步解决思想认识上的偏差。

其次，构建多层次、多手段的权利制衡与监督机制。建立事权集中、管理统一的组织领导机制，适当拓宽生态城市的经济与社会管理权限，支持生态城在管辖区域内自主进行改革创新。强化土地利用综合评价，建立生态城市产业用地门槛制度。因地制宜地构建生态城市的指标体系，并以此为基础建立生态城市的规划管理、建设管理体制。

再次，必须建立科学合理的决策机制。生态城市的顺利构建实施，政府的决策起着至关重要的作用。一旦决策失误，就可能导致城市畸形发展，功能失调。因此，必须建立科学合理的决策机制。在我国生态城市建设实践中，对重大生态建设项目的提出和运作依然由政府承担，但其决定权应该由政府转移给人大，并在人大相关委员会的主持下，由广大市民实际参与决策过程，对城市决策开展环境影响评价，以提高决策的科学化、民主化。

同时，必须积极转变经济发展方式。政府应该积极推动经济增长模式和方式的转变，使传统产业向绿色新型产业快速转变。在产品生产、消费及废弃品回收的全过程中，把传统的依赖资源消费的线形增长经济转变为依靠生态型资源循环，努力做到在消费的同时就考虑到废弃物的资源化，[68]从而推动生态城市的构建。

最后，必须优化产业结构。城市的产业结构决定了城市的职能和性质以及城市基本活动的方向、内容、形式和空间分布。必须根据城市产业发展的目标和条件，结合城市自身的环境资源状况、资本和人力资源等条件，合理调整产业结构，优化产业的空间布局，构建具有地方特色和比较优势的产业体系，提升城市的产业竞争力。将传统产业改造为生态产业，大力发展新型生态产业，重新构建新的城市产业结构。所谓生态产业，是指产供销都符合产业生态学规律要求的产业。它的基本特征是，产业运行和发展过程对生态环境的负面影响不超过生态阈值。[69]生态产业建设规划要与生态单元的建设紧密相连，深入分析生态单元的经济功能定位，借鉴国际上先进的清洁生产和循环经济建设经验，结合具体的产业结构特点，确定地区间生态产业建设规划的优先顺序，对重点地区或生态单元的产业结构进行重点规划与建设。

（二）合理科学规划

成熟完善的生态城市发展规划是保证生态城市工作有序推进的

保证。生态城市的建设离不开科学的、民主决策的、切合实际的、综合的、具有前瞻性的发展规划，这是由于城市发展规划既是城市建设的纲领，也是城市发展的方向。

要用生态学来指导城市发展规划，要本着提高城市环境质量、维持自然生态平衡、促进城市的可持续发展为目标。在进行规划时要充分结合城市的历史、区位、地理、经济、资源、社会、人文、生态系统等因素。同时，应广泛听取民意，充分尊重专家学者的建议和意见，民主决策。

生态城市的规划除了常规内容外，还应重点考虑以下问题：

一是建设生态城市首先应确定城市人口承载力。建设生态城市首先应确定城市人口承载力，在确定城市人口承载力的基础上限定城市人口。这里所说的承载力不是指环境最大容纳量，而是在满足人们健康发育及生态良性循环的前提下城市人口的最大限量，就是应既考虑人口未来增长的可能性，又考虑满足一定生活质量的人口规模合理性。

二是合理布局空间景观。景观空间分布是城市生态系统的一个重要组成部分。景观分布应兼顾社会、经济和环境的整体效益，在维持生态系统稳定的基础上保证经济及居民生活水平的提高。例如，一些城市通过大量种植草坪提高绿化率，而城市自然生态系统形成中占主导地位的树木的种植比重却较低，这就影响了整体综合生态效益的发挥。

三是城市的产业结构。城市的产业结构决定了城市的职能和性质以及城市的基本活动方向、内容、形式及空间分布。应该着力推进绿色发展、循环发展、低碳发展，形成节约能源资源和保护生态环境的产业结构、空间格局、增长方式和消费模式。

四是提高资源利用效率。目前在工业发达国家，降低建筑过程中的物料和能源消耗已成为一种发展趋势。国际上的生态城市的发展趋向于高建筑、高密度、小型化、多样化、生态化。多功能的高建筑可有效地提高资源及能源的利用率，减少污染，增加绿地面积，改善交通环境。[70]

五是保持城镇特色。在城镇化规划建设的过程中，应注重保护风景名胜、传统建筑、古树名木和历史文化名城名镇名村，挖掘地域文化特质，彰显现代文化气息，塑造城乡特色风貌、特色品牌，以提升城镇品质，增加城镇的吸引力。[10]

（三）完善法律法规

生态城市建设离不开法律的制约与保障，离不开良好的法律环境。在环境保护方面，我国已经拥有了 10 多项相关的法律法规，如《中华人民共和国水法》《中华人民共和国环境噪声污染防治法》《中华人民共和国环境保护法》《中华人民共和国防沙治沙法》《中华人民共和国大气污染防治法》《排污费征收使用管理条例》等，但从实际执行的效果来看，由于执行本身的问题以及法律本身缺乏规范性、统一性和系统性，还远远不能适应生态城市建设的需要。

因此，必须贯彻国家有关法律法规，确保生态城市建设实施的严肃性。在有关法规中，要对生态城市建设的意义和目标，实现生态城市建设的路线和途径，实施生态城市建设的组织机构，有关生态城市建设机构和人员的权力和责任、监督、奖惩措施等内容做出进一步的细化、明确。并应根据我国经济社会状况的发展变化，在总结经验、借鉴国际经验的基础上，建立和完善生态城市法规政策体系。

在法律体系建设上，一是要建立对生态环境的物权法保护制度，对环境资源的生态价值加以承认和保护。建立环境使用权，确立环境资源的有偿使用制度和环境权益交易制度，建立民法和环境法的协调机制；建立环境保护相邻权，保护环境资源相邻人的合法权益；再次制定新的环境保护法律法规，弥补现有环境保护法律法规的盲区和新出现的环境权益。二是加快建立和完善循环经济相关法规。如制定与《清洁生产促进法》相配套的《资源利用促进法》，对相关法规中不利于循环经济发展的条款进行修改；制定有关各种特定物质循环利用的专项法规等。三是对不利于生态城市建设的法规条款进行修改和补充。根据生态城市建设项目的实施，配套制定相关鼓励支持政策；制定资源节约和再利用的鼓励政策，使企业向资源深度利用、综合利用方向发展；制定环境保护政策，引导企业和消费者增强环境保护意识和观念，促进社会生产和消费的良性循环。同时，要加强政策的系统性、配套性和可操作性。[64]

（四）加强城市建设的生态硬约束

国家已经制定了一系列有关大气、水源、土壤、声源、垃圾、固废污染的治理标准，应该严格执行，真正做到使生态化成为城市建设与发展的基底，强化环境建设，强化环境问责，构建起更为硬性的生态约束体系，让生态化大于城市化。可以将生态城市建设实施计划分解落实，将环境保护和生态城市建设工作列入各级领导干部工作业绩考核的重要内容，建立责任追究制度。对因决策失误造成重大环境污染或发生重大环境污染事故的，严格追究有关责任人的责任。并通过应用遥感、地理信息系统和卫星定位系统等技术，建立生态环境动态监测系统，提高监测的准确性和时效性。

（五）加强城市内外的协作

生态城市的建设特别要强调省与省之间、城市间、区域间、部门间的分工协作、协调发展。生态城市必须融入到区域之中，重视区域协调，将城市的发展做成一个开放的系统，畅通城市内部，城市与外部区域之间物质、能量、人口、信息和文化等方面的交流渠道。

从城市内部来看，生态城市的建设还要做到统筹城乡的发展，将农村的生态建设作为生态城市建设的着力点。目前有很多城市的发展是在牺牲农村生态建设的基础上进行的，在一定程度上已经制约了城市中心的生态化的发展。应该在遵循效率优先的前提下，通过采用政府协调与市场调节相结合的办法，争取城乡生态环境协调发展。加大对农村基础设施建设的投入，增加农村在环境保护方面的支出。生态城市规划必须在不断发展的城市化过程中反映出城市与其周围地域之间动态的统一性。将城乡区域作为整体，实现资源的节约、合理和循环利用。

从城市和外部区域来看，城市和外部区域密不可分。因为城市间、区域间不断地在进行着物质、能量、信息的交换。城市越发展，这种交换就越频繁，相互作用就越强。生态城市的建设特别要强调城市间、区域间的分工协作、协调发展。不仅要注重自身的繁荣，还要确保城市自身的活动不损害其他城市的利益。

（六）优化公众参与机制

建设生态环境不仅仅是政府的事情，更需要全体市民的参与和支持。社会参与监督机制的健全在一定程度上影响着生态城市发展目标的实现。因此，应该培养市民的生态意识，提高市民的参与度。动员公众以主人翁责任感参与，发挥民众在城市建设中的积极性和参与感，是生态城市建设当中不可或缺的重要组成部分。尤其是对孩子的教育，孩子是未来建设生态城市的力量，对生态的正确认识和从小养成良好的环保习惯必然会对未来的行为有很大的影响。可以通过报纸、杂志、广播等媒体，开展生态城市的宣传和教育活动，让人们认知、理解、支持和最大限度地参与生态城市建设。建立和完善公众参与制度，建设公众的监督检查机制，提高公众对生态城市建设的认识，让公众参与到政策的制定和实施中，还可以起到监督决策执行的作用。

（七）强化市场机制

除了要加强政府的宏观调控以外，也要运用市场机制充分发挥其资源配置功能，缓解政府失灵所带来的一系列问题。政府需要在坚持自身主导地位的同时，充分调动市场的积极性，实现资源的配置。社会主义市场经济就是在国家宏观调控下的规范有序的竞争性经济，其实质是"政府调控市场，市场形成价格，价格引导资源配置"的一种经济运行机制。在生态城市的建设过程中，也要在国家宏观调控指导下，通过各种具体的经济措施不断调整各方面的经济利益关系，限制损害生态的经济行为，奖励保护生态的经济活动，把企业的局部利益同全社会的共同利益有机地结合起来。一定要贯彻物质利益原则，将对生态有害活动的外部影响综合到经济核算中去，即把外部不经济性内化到生产成本中，以达到降低资源消耗、减少环境污染，经济效益、社会效益、环境效益整体最优的目的。运用市场手段，鼓励和支持社会资金投向生态城市建设。要鼓励更多的投资主体，以不同形式参与生态城市建设。完善排污权交易制度，公平合理地分配排污指标，规范市场交易规则，确定市场准入要求及退出机制，充分发挥市场的优势。要建立完善的环境税制，有必要根据可持续发展的要求对我国的税收体系进行综合重构。根据环境保护的需要，实行差别税率和税收优惠政策。

生态城市的提出及其实践具有重要且深远的意义，它不仅仅是一种理论和实践创新，更重要的是它为人类解脱生态危机提供了新的思想和对策，将对整个人类社会的发展进程产生积极作用。建设生态城市是人类经过长期痛苦反思后的理性选择。良好的生态环境是生存之本、发展之基、健康之源。可以断言，"生态城市"是人类的必然选择，也是唯一的选择。从现代城市到生态城市一定是个很漫长的发展过程，但是建设生态城市代表着未来城市的发展方向，生态城市将是新世纪人类理想的人居环境和模式。在时间跨度上，中国生态城市建设是长期艰巨的过程。发达国家一二百年间逐步出现的环境问题，在我国快速发展的过程中快速集中显现，呈现结构型、压缩型、复合型特点。中国生态文明建设面临繁重任务和巨大压力，生态文明作为科学、全面、系统的先进思想和战略任务，贵在创新，重在建设，成在持久。

第五章　排污权交易制度：基于企业参与的实证研究

目前解决环境问题主要有两大措施：一是从技术入手，推广使用新型环保技术，减少污染物的源头排放；二是从政策机制入手，寻求相应的政策工具，从政策和制度安排上来控制污染物的排放。鉴于环境污染问题是典型的外部性问题，为了解决市场失灵问题，世界各国主要通过"命令—控制型"政策手段来解决环境污染问题。由于使用"命令—控制型"政策手段，因此政府需要支付高昂的信息搜集和监督成本；企业仅满足于达标排放，对能大幅减少污染的技术创新激励不足；容易产生寻租行为等，利用行政命令和控制政策一直以来饱受经济学家的批评。排污权交易通过明晰产权，将外部的不经济内部化，改变环境的公有资源状态，把排污权变为企业的私人物品，把环境资源与经济利益和市场挂钩，通过市场化来保护环境，有效地解决了市场失灵问题，备受学界和国外政府的推崇。

排污权交易是指在一定区域内，在污染物排放总量不超过允许排放量的基础上，内部各污染源之间通过货币交换的方式相互调剂排污量，也就是将排污权作为商品买卖的一种市场经济行为，从而达到减少排污量、保护环境的目的。它的基本思想是：政府部门通过科学核算，确定出某一区域的环境质量目标，并计算出环境容量与污染物的最大允许排放量，将其分割成若干规定的排放量，即若干合法的污染物排放权利即排污权，环境主管部门采用某种方式把排污权（这种权利通常以排污许可证的形式表现）分配到企业，允许企业将富余的排污权拿到排污权市场上对其进行交易，以此来进行污染物的排放控制。

排污权交易在引入中国以后，开始迅速发展。在大气排污权交易方面，20 世纪 80 年代末 90 年代初，上海率先进行了尝试。1991年，国家环保局开始试点大气排污权交易，首批选择了 6 个城市：太原、包头、开远、柳州、平顶山、贵阳。2001 年 9 月，中美合作项目"运用市场机制控制二氧化硫排放"取得突破，在国家环保总局和美国环境保护基金会的指导下，南通市天生港发电有限公司有偿转让 1800 吨二氧化硫排污权，开创了国内以"排污权"形式交易的先河。在水排污交易权方面，2004 年，南通市环保局审核确认由泰尔特公司将排污指标剩余量出售给亚点毛巾厂，转让期限为 3 年，每吨 COD 交易价格为 1000 元。这是中国首例成功的水污染物排放权交易。2008 年 8 月，财政部、环保部和江苏省政府联合在太湖流域开展主要水污染物排污权有偿使用试点工作。[71]

排污权有偿使用和交易政策是一项基于市场的典型环境经济政策。排污权交易是由美国经济学家戴尔斯于 20 世纪 70 年代初提出的。1976 年，美国国家环保局开始将排污权交易用于大气污染及河流污染源的管理。1979 年，美国联邦环保局提出的《清洁生产法》修正案包括"泡泡政策"和"排污交易"等制度。1990 年，美国修改《清洁空气法》时将排污权交易在法律上制度化，建立起一种利用经济手段解决环境问题的有效方法。自从排污权交易制度诞生以来，许多专家和机构纷纷推崇该制度，认为该制度可以通过市场机制，利用市场的作用使其自然达到均衡的状态，以最小的社会成本降低环境破坏。从整个市场来看，排污许可权可以用最低的成本达到刺激环保产业发展的目的，如果存在排污权的交易市场，那么必然会出现更多专门出售污染治理技术和设备的企业。技术在有需求的条件下才能更有效地得到开发和研究，目前已有美国、加拿大、澳大利亚、日本及欧盟多国实施了排污权交易，取得了较好的污染减排效果，其形式以点源之间的排污权交易为主。排污权交易也是我国正在积极试点的一项环境经济政策。《中华人民共和国国民经济和社会发展第十二个五年规划纲要》《"十二五"节能减排综合性工作方案》和《国务院关于加强环境保护重点工作的意见》都把建立、健全排污权交易市场与建立减排市场化机制列为重要内容。江苏、浙江、湖北、湖南、内蒙古、山西、重庆、陕西、河北等 19 个省市相继开展了排污权交易试点工作，还有其他省市在积极筹备中。排污权有偿使用和交易试点涉及的污染物包括 SO_2、NOX、COD、NH3 – N等。经过多年的发展，已形成具有我国特色的排污权有偿使用与交易的雏形。推行排污权有偿使用和交易，是用市场经济手段解决环境问题的有益探索，是污染物总量控制的一项制度创新，也是为污染物排放总量控制建立长效机制的重要内容，是我国未来环保政策的发展方向。[72]

　　排污权交易具有以下特点：第一，环境政策效果的确定性较强。排污权交易属于"总量控制型"治理手段。能够在既定的总量控制目标下，合理地安排治理行为，通过排污权交易市场，治理污染的行动将自动发生在边际治理成本最低的污染源上，排污权交易有助于总量控制目标的实现。在政府严格监管的条件下，排污权政策带来的结果是确定性的。它避免了排污税这种"价格控制型"政策，对降低污染物排放总量效果不确定的缺点。第二，排污权交易制度有效地克服了"庇古税"的信息不对称障碍。在既定的环境目标下，政府部门只需定期对厂商的排污行为实施严格监测，以保证厂商实际的排污量没有超过其持有的总排污许可的数量。政府管制和"庇古税"手段要求政府付出较高的信息成本。既要知道厂商边际收益方面的有关信息，也要获得边际损害函数方面的信息。它不需要用排污权交易的方法，只需维护市场的交易秩序，让市场主体通过自发追求利润最大化的行为，有效地实现减少污染排放的任务。第三，排污权交易制度能够有效降低污染治理成本。污染厂商治理污染的技术水平和成本各不相同，这样使得厂商利用环境资源的效率也是有差异的。对一个企业来说，如果它治理污染的成本比市场上的排污权价格要高，很显然它不会治理污染而是买进排污权以降低成本。如果它的污染治理成本比市场上的排污权价格低，那么它应该力争多治理污染，同时将自己富余的排污权在市场上出售以获得利润。因此，污染治理成本不同的厂商在利润最大化的动机下，他们在排污权市场中的决策也相应不同。污染治理成本高于排污权交易价格的厂商会选择买入排污权，这样既可以满足正常生产的排污需要，又可以达到降低成本的目的。污染治理成本低于排污权交易价格的厂商的决策则相反，他们将在市场上卖出多余的排污权以获得利润。如果没有排污权交易市场，每个企业都必须自己治理污染以达到总量控制标准，那么那些治理成本高的企业将不堪重负，而治理成本低的企业又不愿多承担治理责任。这样不利于降低整个社会的治理成本。第四，政府可以实现环境质量的有效调控。在排污权交易系统中，由于排污权的总量由政府核定，因此，政府可以通过每年按照一定比率下调排污权总量的方法，实现对于环境质量的有效调控，有计划、有步骤地改进环境质量。另外，政府还可以通过从市场上买入排污权的方式，减少整个社会的排污量，降低现有的污染水平。第五，排污权交易有利于污染水平低而生产率高的工业布局形成。因为排污权总量是有限的，以某种形式初始分配给企业之后，新企业只能从市场上购买必需的排污权。因此，只要新企业的污染水平足够低，而经济效益足够好，那么购买排污权后进入市场还是有利可图的。这必将会带动污染小、收益高的新兴产业的发展，也有利于新兴环保技术的推广应用。

一、文献综述

沈满洪和赵丽秋（2005）的研究认为，排污权初始分配决定了每个排污企业的初始排污权禀赋，并赋予了每一排污企业的不同市场势力。如果初始分配越接近于成本效率结果，排污权市场交易的效率越高。假设市场是在完全竞争市场，排污权的市场价格独立于排污权的初始分配，等于每个企业的边际治理成本，且能达到成本效率结果；假定市场是不完全竞争市场，排污权市场价格的决定将在一定程度上依赖于排污权的初始分配。[73] 施圣炜和黄桐城（2005）

利用期权机制来分析排污权的初始分配，认为基于期权机制来分析排污权的初始分配最显著的优点是克服了拍卖和标价出售条件下厂商付费的抗拒心理以及对资金时间价值损失的担忧，确保了厂商合法排污的权利，同时又完全在市场机制下进行，交易和定价的理论基础明晰，不存在人为干涉的可能性，有利于交易的进行和交易活跃度的提高。[74]管瑜珍（2005）认为，"可交易的排污许可"制度是将环境资源转换为商品并纳入到市场机制的一项环境监管制度。较之传统的"命令—控制"环境监管制度，它具有"成本效益好、灵活性强"的优点，并在实践中获得成功。我国"排污权交易"实践的开展及经济和科学技术的发展，又为该制度法律化创造了良好的环境。但是，该制度将来在我国的实施也面临新的问题，特别是该制度与市场的结合、初始权分配等。[75]侯庆喜（2007）认为，为了建立真正完备有效率的排污权市场，必须赋予公众参与排污权交易的权利，增强市场活力。排污权无偿分配损害了国际间的公平发展（北方工业大国和南方农业大国），发达国家的工业品的价格中包含着输出国的控制工业污染的代价。在这种商品交易中，南方国家的损失是双重的，既包括经济上的损失，又包括环境上的损失。同理，排污权无偿分配也损害了中国工业、农业之间的平衡发展，损害了工人、农民之间的共同富裕和相同的环境权益。[76]张安华（2007）的研究认为，排污权交易机制在中国进行了十几年的试点工作，至今发展缓慢的主要原因是排污权交易在实践中遇到了来自行政、企业、法律、环保观念等许多方面的阻力。[77]陈颖（2008）指出，排污许可权交易制度始创美国，应逐步引入我国，在政府的管制下实现其市场化，同时，政府也应该进行其功能定位，使用更多新的行政管理方式管理环境问题和市场问题。[78]王小军（2008）考察了美国排污权交易的实践工作，深入探讨了美国经验及其对我国实施排污权交易的启示。认为排污权交易具有污染控制成本最小、有利于污染物排放量的持续削减、不受经济扩张和通货膨胀影响、更有利于政府进行环境管理等优点。西方国家的排污权交易实施工作有很多可供我们借鉴的地方，例如其完善的法制基础、多样的交易主体和中介机构、许可证分配方式的多样化、完备的监督管理体制、对时空折算的忽略等。[79]张志耀和逄萌（2008）认为，在排污许可证及排污权交易的制度下，可利用市场机制和企业自主追求利益最大化动机，在市场竞争的环境下实现环境资源的最有效利用和总体污染削减费用的最小化，可以克服环境管理中传统经济手段的许多缺陷。[80]王蕾和毕巍强（2009）认为，在法律不完善或缺乏执行力的情况下，在初始排污权分配和政府的监管环节中，很容易形成排污企业与政府有关部门的共同利益，从而产生寻租行为。[81]胡应得等（2010）的研究发现，即便在排污交易试点领跑全国的浙江省，企业参与排污权交易的意愿也并不是很高，"买方多于卖方"的现象一直存在。[82]胡晓舒（2011）的研究认为，有必要建立排污权交易制度的统一立法规定、排污权初始分配统一有偿化、建立排污权交易制度的监督管理体制，以及设立排污权交易中心。杨伟娜和刘西林（2011）建立排了污权交易制度下企业环境技术采纳的净收益模型，发现在排污权交易制度下，行业采纳环境技术的平均速度、减少的可变生产成本变动量、许可证市场价格、减排成本变动量、环境技术减排弹性与企业最优采纳时间呈反向变动关系；环境技术一次投资成本和贴现率与采纳时间呈正向变动关系。[83]朱皓云和陈旭（2012）认为，对排污权交易的总量控制机制设计应当从四个方面进行：一是选择更科学的总量控制模式，应该采取务实的渐进政策；二是把环境容量的控制分层落实到企业；三是在实施上落实到企业，可以通过逐步推行的方式，在全国范围内划分区域及年限，按照经济发展及实际情况来分区域和年限推进；四是完善总量控制法律建设。[84]胡应得（2012）的研究发现，排污权交易政策通过影响企业的资本要素分配，从而影响企业环境资源的使用成本，进而影响企业的生产和环保行为决策，在排污权交易政策的作用下，企业主要采取不同的污染治理投资策略来满足该政策的规制。[85]马云泽（2012）的研究认为，建立低成本的完善的排污监管机制是建立有效排污权交易机制的关键条件，政府部门可以通过降低监管成本，提高治污能力以及提供相应的减排激励或者提供相应的产品技术研发资金来有效地提高治污效率，提高社会福利，而企业同样具有相应的激励来改进生产技术，减少污染物产生量和直接排放量来增加企业福利。[86]蒋亚娟和胡传朋（2012）认为，我国现有法规（《大气污染防治法》《水污染防治法》等）对排污总量控制和排污许可制度做了相应规定，但尚未对排污权交易制度做出规定，导致实际操作中排污交易缺少国家层面的立法规范。[87]何强等（2012）从排污权交易对象、范围、主体、初始排污权配置方式、二级交易市场等5个方面总结了江苏、浙江、湖南、重庆等试点省市的排污权交易实践情况，认为在试点省市仍存在重排污权交易，轻整体性制度设计，缺乏有法律约束力的总量控制目标等主要问题。[88]李惠蓉（2012）认为，排污权交易作为一种新型的环境治理政策工具，其根本立足点是通过市场手段将外部的不经济性"内部化"，即让其进入市场使产权明晰化以达到治理污染、保护环境的目的。[89]苏丹等（2013）回顾了我国试点地区开展排污权有偿使用和交易所做的主要工作及其特点，发现各地试点工作进展各有不同，有的已经建立起制度框架、稳步推进，有的则在局地"小试"，有些还处在"酝酿观望"期，只做了前期研究和小范围尝试，试点地区在试点实践中涉及污染物种类、试点实施范围、交易指标来源和储备、使用年限、市场变化和价格变化等方面各有不同。[90]

二、排污权交易在我国的实践

各试点省市排污权有偿使用和交易在探索中发展，取得了积极成效，各地试点工作进展各有不同，有的已经建立起制度框架稳步推进；有的则在局地"小试"，有些还处在"酝酿观望"期，只做了前期研究和小范围尝试。下面将对试点地区排污权有偿使用与交易在试点涉及的污染物种类、实施范围、指标来源和储备、使用年限、市场变化和价格变化等方面进行分析。

（一）我国排污权交易的发展情况[91]

1985年，上海市在黄浦江上游水源保护区和准水源保护区实行了总量控制和许可制度，1987 年允许污染物排放总量指标在区、县范围内有偿转让、综合平衡，有 60 多组排污指标进行了有偿转让，为排污权交易的展开提供了有益的尝试和经验准备。1989 年 7 月，经国务院批准，原国家环保局发布的《水污染防治法实施细则》第九条规定，对企业事业单位向水体排放污染物的，实行排污许可证管理。1990 年 7 月，国家环保局制定了《排放大气污染物许可制度试点工作方案》。1991 年，16 个重点城市开始试行大气污染物排放许可制度。这一时期的排污权交易标的物主要是大气污染的排污权，交易以指标转让的方式进行。1996 年国务院颁布了《"九五"期间全国主要污染物排放总量控制计划》，该计划中提出实行实施总量控制的污染治理政策，为后来的排污权交易实施打下了基础。自 1997 年开始，北京改革和发展研究会与美国环境保护协会合作开展了排污权交易项目研究，开展城市一级的排污权交易研究。1999 年 4 月，中美双方签署了《在中国利用市场机制减少二氧化硫排放的可行性研究》的合作意向书，开展了在中国引入二氧化硫排污权交易的可行性研究。2000 年 3 月，国务院修订发布的《水污染防治法实施细则》第十条规定，地方环保部门根据总量控制实施方案，发放水污染物排放许可证。2000 年 4 月，全国人大常委会修订的《大气污染防治法》第十五条规定，对总量控制区内排放主要大气污染物的企事业单位实行许可管理。我国开始建立主要以排污总量控制为目的的排污许可证制度。2001 年 9 月，亚洲开发银行和山西省政府共同启动了由美国未来资源研究所和中国环境科学院联合执行的二氧化硫排污交易机制项目，在国内首次制定了比较完整的二氧化硫排放许可交易方案。同年 10 月，在亚洲开发银行贷款支持下，太原市开展了二氧化硫排污权交易研究，并发布了我国第一个关于二氧化硫排污权交易的地方性规章：《太原市二氧化硫排污交易管理办法》，为该市实施二氧化硫排污权交易提供了政策依据。这一阶段，虽然环境管理部门在排污权交易中发挥了重要的作用，但国内排污权交易政策在国际合作交流的基础上开始了新的探索并逐渐完善，排污权交易自身的优势开始逐步被政府、企业所认同。我国历史上第一笔真正意义上的排污权交易已于 2001 年 12 月在江苏南通达成。2002 年 3 月 1 日，国家环保总局下发了《关于开展"推动中国二氧化硫排放总量控制及排污交易政策实施的研究项目"示范工作的通知》，在山东、山西、江苏、上海等 7 省市开展二氧化硫排放总量控制及排污权交易的试点工作。首例异地 SO_2 排污权交易也于 2003 年 7 月在江苏太仓成交。2006 年，历时 3 年多的粤港两地二氧化硫排污权交易谈判结束，粤港珠三角地区火力发电厂的排污权交易进入议事日程，香港和广东的火力电厂、电力集团可在自愿参与的原则下，自由开展排污权交易。2007 年 11 月，浙江嘉兴建立了全国首个排污权储备交易中心，使得排污权转让有了专门的二级市场。自 2007 年我国开展排污权交易工作以来，国家已批准江苏、浙江、天津、湖北、湖南、山西、内蒙古、重庆、河北、陕西等 19 个省份开展排污权有偿使用和交易试点。这一阶段，国家在更大范围内开展了排污权交易的示范工作，为排污权交易走向制度化并在全国推行积累了经验。2013 年 7 月 1 日，江苏省二氧化硫排污权有偿使用和交易管理试行办法正式实施，由过去的电力行业扩大到钢铁、水泥、石化、玻璃等四个行业，有偿使用和交易行为也将得到进一步规范。但由于环境违法成本低，试点企业无压力参与排污权交易，部分试点地区相关部门试图靠"拉郎配"生造市场，致使多家市级排污权交易所出现"零成交"，使得排污权交易所面临摘牌风险。全国各地的排污权交易市场还停留在环保局与企业进行交易的一级市场阶段。一级市场基本上就是靠政府定价，在二级市场上，政府定价和市场定价各占一半，造成市场扭曲。

（二）我国排污权交易企业参与现状[84]

根据对全国排污权交易情况的调查与统计，从 2002 年最初实施排污权交易到 2011 年 11 月，全国发生在企业之间的排污权累计交易数达 2999 笔（包括一级市场和二级市场）。其中发生在浙江的交易笔数最多，为 1274 笔；其次为安徽蚌埠市节能评估排污权交易和储备中心的交易笔数，为 1000 笔；重庆市排污权交易管理中心的交易笔数为 111 笔。目前我国企业层面的排污权交易污染源为二氧化硫和 COD（化学需氧量），其中从实施排污权交易以来，关于二氧化硫的累计交易数量为 5.2 万吨，关于 COD 的累计交易数量为 0.36 万吨，总计为 5.56 万吨。从交易金额来看，截止到 2011 年 11 月，全国企业之间排污权交易金额总计为 62577.13 万元。

从上面的数据分析可以看出，我国排污权交易试点呈现出"企业参与度低、市场交易量少"的严重问题。在我国正式实施排污权交易试点的近 10 年时间里，全国发生企业之间的排污权交易笔数仅为 2999 笔。而在美国，以二氧化硫交易为例，从 1994 年到 2005 年间，二氧化硫排污权交易累计完成了 4.3 万件，交易量明显偏小。从污染源交易数量来看，我国 10 年间二氧化硫的交易数量为 5.23 万吨，COD 的交易数量为 0.36 万吨，总计为 5.59 万吨。而仅 2011 年上半年，全国的二氧化硫排放总量为 1114.1 万吨，COD 的排放总量为 1255.5 万吨。相比较而言，中国排污权交易所涉及的污染源数量所占比重可以忽略不计。

三、排污权交易存在的问题

尽管中国排污权交易试点工作取得了一些进展，但仍存在企业参与意愿不强、政策宣传不到位、政策法律支撑不足、市场活跃度不足、技术支撑欠缺、监管能力不强等问题。

（一）企业参与意愿不强

据统计，自 2008 年财政部批复试点至 2012 年 4 月，10 个排污权有偿使用与交易试点省份共发生 12000 多笔交易，交易额超过 18 亿元[84]。但这些交易行为大多以政府拍卖排污指标的方式发生于政府与企业之间，真正自主的二级市场交易行为较少。虽然排污权交易政策赋予排污企业更多关于如何减排的决策的灵活性和自主性，企业对该政策的遵从行为也是企业自主决策的前提和基础，然而，我国存在着众多分布零散、规模较小、利润率较低的企业，这些企业生产技术较为落后，环保意识较差，违规排污现象严重，通常会逃避和推诿环保责任。排污企业具有趋利的特性，企业对于该政策的遵从取决于政策的遵从成本。中国的排污权交易机制的建立相比发达国家晚，我国已经开展的企业排污权交易，大部分并不属于严格意义上的市场交易，很多在政府部门的行政协调下完成，企业的参与意愿不强。但是，目前我国的排污企业之间使用的排污设备和技术都很类似，企业之间治理污染的边际成本差异不大，政策又缺乏激励的手段，企业通过排污权交易获得交易收益较低。因而，企业之间通过交易降低治污成本的优势无法实现，交易动力不足。[84]对环保政策选择偷排或者漏排等不遵从行为，在可能面临罚款、关停整顿，甚至法律制裁等行政或者法律处罚的情况下，有些企业甚至采取企业向环保规制相对较为温和的地区外迁来规避政府的环保政策规制。

过多的行政干预阻碍了市场定价是企业参与意愿不强的重要原因，而且这种行政干预在较大程度上阻碍了市场定价机制的建立。以二氧化硫为例，由于中国大部分二氧化硫排污权交易都是由政府部门牵头企业并帮助协议价格，通过环境交易所公开竞价拍卖实现交易的很少，使得大部分排污权交易成交价格均在 5000 元以下，甚至低至 100 多元一吨。但目前燃煤电厂脱硫投资成本为每吨高达5000～6000 元，要使电厂有动机减排，排污权价格至少应高于其脱硫成本。

排污权初始分配机制不合理也是企业参与意愿不强的重要原因。排污权交易体系涉及初始排污权分配方法、环境资源初始价格、企业污染物排放总量核定、区域环境容量测算等问题，这些具有较强的技术性。尤其是排污权初始分配机制的确定最为重要。由于我国的排污权交易目前仍处于试点阶段，政府在储备排污权的界定方面缺少统一的规范，排污权交易发展初期，离不开政府储备排污权对市场的调剂，但政府储备排污权如何公平、合理设置是排污权交易工作中的难点。目前，有的采用有偿的方式取得，但仍然存在半数以上的试点省市采用免费发放的方式进行排污许可证的发放，且没有把排污指标的分配方式以立法的形式加以规定和管理。无偿取得排污权的企业与有偿取得排污权企业之间形成不公平竞争，这不但有损企业的利益，也违反了市场经济的根本原则，阻碍了市场在资源配置中发挥作用，影响了环境容量资源的配置效率。[91]排污权初始分配主要根据历史排放量的比例以无偿分配为主，排污权无偿取得以及过低的排污费征收标准，导致环境实际上被无偿或廉价使用。同时，很多企业出于对后期再回购的担忧，惜售情况明显，很少参与甚至拒绝二次交易，造成排污权的闲置浪费和排污权交易量的不足。中国的试点实验发现很多地方不是缺少买家，而是卖家太少，例如在建立了国内首个排污权储备交易中心的嘉兴就出现了排污权奇货可居的现象。

（二）政策宣传不到位

排污权有偿使用和交易作为一项环境经济政策，其核心理念是通过市场杠杆的作用，使环境资源由无偿使用变为有偿使用，这直接涉及地方政府和企业的切身利益。从总体情况来看，自从各试点省市开展排污权交易以来，得到了部分地方政府的理解和支持，但仍有相当多的企业甚至很多地方政府、从业人员都对这项经济政策认识不清楚，导致地方政府和企业对排污权有偿使用与交易的认识发展不平衡，工作难以深入推进。

政府认识发展不平衡，表现在两个方面：一是各试点地区排污权有偿使用与交易制度建设目的存在差异，有的地方政府较多关注排污权交易，较少关注总量确定及初始分配，部分试点地区直接回避了排污权初始分配，导致试点地区的排污权交易制度设计整体性不足，出现为试点而"交易"的现象，部分地区异化排污权交易，使之成为地方政府增加财政收入，获取污染治理资金的手段。[92]二是设计理念存在差异，表现在政策细节设计思路上，为了达到总量控制目标，减排任务应退出市场流通环节，部分地区并没有明确超额完成任务部分才可交易，有的即使明确，实际操作仍然将企业的减排量直接进行交易，这与我国总量减排制度和排污权交易设定的总量目标相悖。

企业认识不到位。排污权交易在我国试点的时间不长，范围不广，参与企业少，作为企业而言，排污权交易仍是一个新事物。企业对排污权交易能够降低企业减排成本，可以通过这一环境管理政策来获取利益的特质了解不多，更谈不上熟练掌握，无法积极参与到排污权交易中去。企业对初始分配排污权有偿使用的接受程度不同，有的将其与排污收费混为一谈，质疑是环保重复收费；企业对所拥有排污权的惜售程度亦不同，有的认为是增加了环评审批环节。而有许多企业有未雨绸缪的想法，希望将排污权留给自己备用，或者企业自身减排不易，没能力出售，还有部分企业对排污权交易制度不了解，不敢或者不懂如何出售等。[93]

（三）政策法律支撑不足

强有力的法律手段，是排污权交易顺利实施的保障和推动力。目前，国家层面上排污权有偿使用和交易工作中相关的法律、法规空白是最大的问题。从国家层面来说，现行的《大气污染防治法》《水污染防治法》等虽已提到了排污总量控制及排污许可制度，地方政府也陆续开展了近 20 年的排污交易试点，但在国家层面上仍然没有建立其排污权交易法律、法规。相关激励措施、排污权折旧、排污权作为资产抵押、监管程序、违法责任、排污权交易试点政策的法律授权等问题均没有解决。导致许多政策属于"违法"操作，从而阻碍排污交易政策的落实。在地方政府层面，各地法律基础十分薄弱、法律依据不充分，尤其是排污权有偿取得的法律基础十分薄弱。缺乏一套科学的排污权初始价格形成制度安排，应有效确定排污权有偿使用的环境资源初始价格，体现资源的稀缺性。如果初始定价过低，不能体现环境资源对排污单位的制约作用；如果初始定价过高，则又将给试点地区的企业带来过高的负担，更有可能导致政府寻租行为的产生。排污权交易在环节方面缺乏相应的法律基础，致使排污权交易法律支撑不足。各试点地区由于排污权有偿使用和交易配套政策和措施尚处于探索阶段，随着交易的深入开展推进，政策支持明显不足现象突出，排污权交易制度与其他政策衔接不畅。

（四）市场活跃度不足

排污权交易市场不健全，各试点地区交易市场活跃程度明显偏低，从多年的试点实践来看，大多数试点地区企业间的交易非常少，仅有的几笔交易也主要是由政府牵线搭桥完成的，排污权交易呈现出"试点地区多、企业交易少"的问题。已经完成的排污权交易大部分集中在少数几个地区，在缺乏企业主动参与的现状下，排污权交易作为一种市场经济手段和政府经济政策，不仅使"市场失灵"，也使"政府失灵"。[84] 从具体的实践来看，各种扰乱市场的行为时有发生，排污权交易范围明显偏窄，交易规模明显偏小。从交易规模上看，由于排污权的空间限制，使交易实现时，存在交易对象和实现手段的限制，交易以政府出让为主，跨区域交易执行很困难，难以实现总量指标的再次分配和合理流动。从交易来源来看，过度的政府干预使得排污权的市场化程度不高，不利于排污权的自由流通，直接对排污权交易的实现造成威胁。排污权交易的前提条件是企业要有一定的多余排污指标，但现实中排污指标比较紧缺，如何拿出更多的排污指标来开展排污权交易已经成为亟待解决的问题。同时，目前我国大多数省市地区排污权交易的价格实行政府指导价格，政府对于交易行为和交易价格的干预过多，无法发挥市场的自由调节作用和效率配置作用，直接导致企业参与市场主动性过低。对排污权交易参与企业来说，排污权交易是一项新兴的事物，在我国试点的时间不长，范围不广，参与企业少。作为企业而言，排污权交易仍是一个新事物。企业对排污权交易能够降低企业减排成本，可以通过这一环境管理政策来获取利益的特质不太了解，更谈不上熟练掌握，无法积极参与到排污权交易中去，达到降低成本获取收益的目的。

（五）技术支撑欠缺

排污权有偿使用和交易是一项技术性、专业性极强的工作，国内外排污权交易实践证明,排污权交易政策的实施是否有效,关键的问题是政府部门能否获得完整、准确的排污信息。因为为了保障排污权交易制度的顺利实施,应首先确定排污单位的实际排污量。污染源数量庞大,种类繁多,情况复杂,监测技术力量薄弱、技术落后,各地的检测手段技术参差不齐跟不上污染排放的复杂多样性。由于中国目前的技术水平发展限制,不能有效监测排污企业,加上当前我们使用的是总量控制标准,旧有的浓度控制监测体系已不适用了。[93]排污信息采集系统尚不健全,缺乏高技术的全国统一的监测体制。政府部门多采用环评、验收、排污收费、总量核查、污染源普查、日常监测等多个数据,数据基准不统一增加了技术核算的难度,精确性有待提高。由于缺乏全国垂直统一的监测网络,受地方保护主义的影响,企业排污监测的准确性和完整性很难得到保证,从而影响了排污交易制度的运行。[91]交易指标量核定、排污权初始分配、政府储备排污权的界定是面临的共性技术难点,各省排污权指标核算体系和交易指标的技术核算工作处于摸索起步阶段,亟待培育专业的技术力量。决策信息缺乏,我国目前对排污权交易实践方面的信息,数据收集和整理非常缺乏,这给学者研究和政府决策带来了困难,企业出于自身利益的考虑,违法在所难免。

(六) 监管能力不强

排污权交易对地方政府能力建设提出更高要求。排污权交易政策是一项对环境监测与监管、政府管理能力要求非常高的政策,而这些配套政策与设施又需要耗费大量的人力与财力,对于部分经济欠发达的地区来说,这可能会是不小的负担。目前大部分地区的排污权交易制度的建设仍然处于交易制度设计、初始分配推进、启动或激活二级市场等阶段,往往不重视或者没有足够的资源去做好交易后的监管工作,致使各试点地区监管能力建设不平衡。而排污权交易首先要求地方政府具备核定初始排污权与实时排污量的能力,这就要求对当地的污染源或者至少是重点污染源进行实时自动监控,必要时还需要进行污染物排放情况的随机比对,对地方环境监测系统的硬件配备提出了很高的要求。在地方政府能力建设尚未达到要求之前强行推进排污权交易政策，具有很高的风险性。目前地方政府在排污权交易监管方面存在的能力差异主要包括：一是污染源在线监测能力差异，没有将污染源管理与排污权交易关联，在线监测设备基本覆盖了国控甚至省控污染源，但各试点地区尚未实现对所有企业 100% 安装在线监控设备，已经安装的企业、项目运行情况也良莠不齐，在线监测数据的精确性受到怀疑；二是交易后监管措施和支撑系统还没有全面到位，很多试点省市还没有建立排污权交易管理系统，还不能很好地通过合适的软硬件平台支撑交易后跟踪监管[90]，环保执法能力的差异也导致不能很好地进行交易后监管措施，大部分地区在制定罚则时都存在模糊不清或避而不谈的情况，限制了交易后监管力度，不利于排污权交易制度的健康发展。

四、实证研究

（一）引言

排污权交易是在大量具有不同边际成本和边际收益的污染源厂商之间进行的交易行为，他们通过相互交易排污权的方式达到环境资源有效配置的目的。排污权交易的主要思路是通过将排放污染的权利物化和合法化，并将其通过市场买卖来达到控制污染物排放的目的。排污权交易以法律为保障，在既利用市场的同时又完善了市场，最终形成经济效益高、环境保护好的良好局面。

近年来，面对日益严峻的全球变暖问题和环境污染问题，我国的江苏、天津、浙江、山西等 19 省市已在全面铺开排污权交易。如广东省低碳发展路线图：2012—2013 年实现碳排放权省内自愿交易，2013—2015 年省内碳排放权交易正式运行，2015—2020 年实现省际碳排放权交易。此外，各地还建立了北京环境交易所、上海环境能源交易所、昆明环境能源交易所、天津排放权交易所、大连环境交易所等多家实体为各类环境、能源权益交易服务。企业是排污权交易的主体，企业的参与意愿是排污权交易顺利实施的基础。因此，有必要研究中国企业参与排污权交易的意愿，为相关政策制定、决策出台提供实证依据。

（二）理论框架

1. 企业参与排污权交易的影响因素分析

排污权交易政策认知因素。排污权交易政策是一种新的市场型环保政策。企业对该政策有一个学习、了解、熟悉的信息加工的过程。信息传递及管理对其实施效果有正向影响。因而，企业决策者的认知因素对于企业战略决策的过程以及最终形成的战略决策具有重要影响。[94]一般而言，企业对该政策的认知越全面，越有利于企业参与排污权交易。企业主要负责人在敏锐度、成功欲、风险偏好与承诺方面的差异，会导致企业存在不同排污权交易的意愿。

（1）政府规制因素。企业在做排污权政策遵从决策时，必然会考虑政府的各种规制因素。一般来说，为了企业遵从环保政策，政府主要采用两种规制手段：一是行政规制手段，政府通过强制性的行政命令来规范企业的环保行为；二是一些优惠政策，政府部门通过制定一些政策和措施诱导企业进行积极的环保行为，如税收优惠、环境治理专项基金、环境治理项目低息贷款等。例如，为了激励企业积极地遵从排污权交易政策，减少排污权交易政策的推行阻力，嘉兴市就实施了初始排污权申购，实行政府鼓励的方式，在价格上根据申购的时间予以阶梯式优惠，在第一阶段，申购的企业可获得40%的优惠额度。一直未申购初始排污权的企业，在新建项目报批时将受到制约。由于这些优惠政策可以给企业带来一些实在的利益，从而降低了企业的政策遵从成本。因而，这些措施有利于促进企业遵从排污权交易政策。

（2）企业的组织因素。商会、行业协会等组织是企业之间信息交流和联系的平台。在商会、行业协会等企业组织的内部，技术、政策信息等很容易复制和传播，如果某一家企业购买了排污权将有利于其他企业的模仿行为，同时如果没有企业购买排污权，其组织成员也很难会购买排污权。企业之间的从众行为对参加协会的企业的影响会进一步放大。

（3）企业的外部环保压力因素。企业的外部环保压力是指政府、市场、公众等对工业企业的污染行为所做出的反应。环保压力的大小与地区的环境质量、经济水平、政府和公众的环保意识等因素相关，是工业企业环境成本内生化的重要原因，对企业环境意识和行为的改善有着重要的促进作用。[95] 作为环境法规的制定和执行者，政府对工业企业的环境管制具有十分重要的作用。政府主要通过政治、社会和物质上的惩罚来激励企业采取积极的环保行为。当正式管制渠道存在时，社区通过政治途径影响政府管制力度；当管制不存在或失灵时，非政府组织（NGOs）、社区团体、公众等运用非正式手段迫使违规企业遵从环保政策和社会规范。近年来，涉及环境污染的纠纷和信访不断递增，有的造成了非常恶劣的社会影响，并有扩大趋势。媒体、社区群众和公众的负面反馈越来越多会引来政府的检查和监督。一般地，企业的外部环保压力越大，越有利于企业购买排污权交易政策。

（4）企业的特征。不同行业企业带来的环境影响存在很大差异，所面临的环保压力也有所区别。企业由于所处的行业不同，对环保问题的感知、风险意识也会有差异。同时，企业纳入遵从决策的成本也会不一样。企业的特征变量较多，本文主要考虑以下几个因素：①企业的环保现状。企业当前的环保现状是企业环保行为决策的基础和出发点。如果企业目前的环保现状没有达到环保要求，企业可能面临更大的环保处罚压力，企业参与购买排污权的意愿会更强，企业改善目前现状的意愿也会更加强烈。②企业的环保意识。一般地，同等条件下，企业的环保意识越强，购买排污权的可能性越大。③企业的风险承受能力。排污权交易政策对大多数企业来说是一个新的事物。首先遵从排污权交易政策的企业与其他企业相比，环保成本会在短期内上升，企业也会承受更大的一些风险。如果企业的风险承受能力越大则参与排污权交易的可能性也越大。

2. 变量的选取

因变量拟用企业参与排污权交易政策的意愿作为度量指标。在问卷中设置了是否愿意参与排污权交易的变量，愿意参与的为1，不愿意参与的为0。

排污权交易政策认知因素。本章拟从2个维度来衡量政策认知因素对企业的政策遵从行为的影响。首先，从企业对排污权交易政策的了解程度来分析。即根据"企业对排污权交易政策的了解程度"来衡量企业对排污权交易政策的遵从意愿，即"很了解"为1；"基本了解"为2；"不太了解"为3。"对排污权价格趋势的判断"来度量企业对排污权价格的认知和判断。即"预期排污权价格上涨"为1；"预期排污权价格不变"为2，"预期排污权价格下跌"为3。

政府政策实施和监管因素。本研究用"行政规制"和"优惠政策"2个维度来测量政府政策实施和监管因素对企业排污权交易政策遵从决策的影响。行政规制主要用"环保检查次数"来衡量；"优惠政策"则通过"过去3年是否享受环保方面的税收、补贴等优惠政策"来衡量。

企业的组织因素。目前，商会和行业协会是企业之间比较典型的企业组织形式。本章拟用"是否是商会或者行业协会会员企业"作为衡量企业组织的因素。

企业的外部环保压力因素。本文主要从"社区群众"和"公众舆论"2个维度测量企业遵从排污权交易政策的外部环保压力。本文用"与本社区群众是否发生过环保纠纷"来度量社区群众对企业遵从排污权交易政策的压力。本文用"是否经常看到偷排漏排新闻"来度量企业对外部媒体压力的感知。

企业特征。本章拟从4个不同的维度来衡量企业特征因素对企业遵从行为的影响。首先，从企业的环保现状角度。通过"企业2012年用于污染治理的费用（包括相关环保设施的运行费用）与以前相比变化的趋势"来衡量企业目前的环保压力。其次，从企业所处的行业角度。行业不同，企业的污染程度和环保压力也会有较大的差异。我们把企业根据行业的污染程度分为三类：机械、电子、服装等属于轻污染行业，如果企业属于这一行业设定为1；橡胶、食品、塑料等行业属于中等污染行业，如果企业属于这一行业设定为

2；化工、制药、电镇、印染等行业属于重度污染行业，如果企业属于这一行业设定为 3。再次，从企业的环保意识角度。本文用"企业的环保荣誉次数"来衡量企业的环保意识。最后，从企业的风险承受能力角度。一般地，企业规模越大，企业的风险承担能力也越强。因而，我们用"是否是规模以上企业"来衡量企业的风险承受能力。相关变量具体定义见表 5-1。

表 5-1 变量选择

变量名	变量类型	变量解释	均值	标准差
Y（企业排污权参与意愿）	因变量	是否愿意参与排污权交易：1 = 是，0 = 否	0.44	0.69
X_1 对排污权政策的了解程度	排污权交易政策认知	企业主要负责人对排污权政策的了解程度：1 = 很了解，2 = 基本了解，3 = 不了解	1.89	2.01
X_2 对排污权价格的判断		对排污权价格的判断：1 = 更贵，2 = 不变，3 = 更便宜	2.09	1.12
X_3 环保部门执法次数	政府监管因素	环保部门执法次数	2.01	0.56
X_4 环保补贴		企业在过去三年，是否享受过环保补贴：1 = 有，0 = 没有	0.52	0.38
X_5 是否发生过环保纠纷	外部影响	过去三年，是否发生过环保纠纷：1 = 有，0 = 没有	0.09	0.36
X_6 是否经常看得本地企业因为环保问题被处罚		是否经常看到本地企业因为环保问题被处罚：1 = 有，0 = 没有	0.24	0.51
X_7 是否是协会会员	企业组织	是否是协会会员：1 = 是，0 = 否	0.65	1.02

续表

变量名	变量类型	变量解释	均值	标准差
X_8 企业的治污压力		企业 2012 年的环保费用是否增加：1＝是，0＝否	0.53	1.21
X_9 企业的环保意识		企业是否获得过环保方面的荣誉称号：1＝是，0＝否	0.18	0.36
X_{10} 企业的行业属性	企业特征	机械、电子、服装等行业＝1；橡胶、食品、塑料等行业＝2；化工、制药、电镀、印染等行业＝3	2.28	0.94
X_{11} 企业规模		是否是规模以上企业：1＝是，0＝否	0.25	0.65

3. 模型选择

由于因变量属于二元离散变量，其被解释变量为非线性，所以需要将其转化为效用模型进行评估，此时采用概率模型是理想的估计方法。Probit 模型的具体形式如下：

$$P = P(y = 1 \mid X) = \varphi(\beta X)$$

其中，P 表示概率，$y = 1$ 表示农户采纳了某些 IPM 技术，φ 是标准正态分布函数，β（β_0，β_1，$\cdots$，β_n）为待估参数，X（X_0，X_1，$\cdots$，X_n）是解释变量。βX 为 Probit 指数。β_1 表示 X_1 变化一个单位引起 Probit 指数变化 β_1 个标准差，而 X_1 变化一个单位引起的概率变化（MarginalEffect，dF/dx，边际效应）等于对应的正态密度函数与参数指数 β_1 的乘积。Probit 模型是通过极大似然法来估计模型参数的。

（三）数据来源

本章的数据来源于对 300 家安徽省排污企业的实地调研。调查对象是企业中高级排污控制管理人员和工程技术人员，这些人员有足够的知识来回答问卷中关于本厂商全面信息的问题。2012 年对 20 家企业的主要负责人进行了面对面的访谈，在此基础上对问卷进行了修改，形成了最终问卷。然后，在 2013 年采用向厂商发放调查问卷的方式收集数据。问卷的发放主要采取直接和间接两种方式。间接方式是通过政府相关部门将问卷传递给企业主要负责人、环保部门负责人，请被调查者填写问卷并将问卷交给政府部门，然后联系人再将问卷邮寄或发送电子邮件寄回给我们，这种方式共发出问卷150 份。直接方式是由作者直接发放和回收问卷，作者利用自己的关系网络通过电子邮件发放了 150 份问卷，结果回收问卷 121 份。表 5 - 2 为调查问卷发放与回收情况汇总。

表 5 - 2　问卷发放与回收情况

发放方式	发放问卷数	回收问卷数	有效问卷数	问卷回收率	有效问卷率
间接方式	150	135	112	90%	74.67%
直接方式	150	121	113	80.67%	75.33%
合计	300	256	225	85.33%	75.00%

从回收的样本来看，有 44.53% 的企业对排污权交易有购买意愿。从样本企业的年排污治理费用状况来看，多集中在 100 万～300 万元之间（表 5 - 3）。

5 - 3　问卷样本企业的排污治理费用分布

治理规模（万元）	企业数	百分比
50 以下	25	11.11
50～100	63	28.00
100～300	81	36.00
300～500	36	16.00
500 以上	20	8.89

（四）模型结果分析

从上表可知，变量之间的相关系数均较小，这表明各变量之间的相关程度比较弱，不存在明显的共线性问题。为了进一步验证本模型的共线性问题，本文用 VIF 对变量进行共线性诊断，发现各个变量的 VEF 因素均小于 1.5，这再次表明本模型没有严重的多重共线性问题。具体数据请见表 5 – 4。

表 5 – 4　VIF 检验

变量	VIF
X_1 对排污权政策的了解程度	0.34
X_2 对排污权价格的判断	1.11
X_3 环保部门执法次数	0.89
X_4 环保补贴	0.87
X_5 是否发生过环保纠纷	1.15
X_6 是否经常看到本地企业因为环保问题被处罚	0.98
X_7 是否是协会会员	0.26
X_8 企业的治污压力	0.36
X_9 企业的环保意识	0.45
X_{10} 企业的行业属性	0.48
X_{11} 企业规模	0.82

本研究采用 stata10.0，采用极大似然估计法（MLE）对该模型中的参数进行估计，其估计结果见表 5 – 4。模型 LR chi2 数值分别为 – 144.6677、– 95.8018、– 207.8126，其所对应的 P 值均为 0.0000，说明模型估计结果显著。从估计的结果来看，企业对排污权政策的了解程度、对排污权价格的判断、是否发生过环保纠纷、企业的行业属性、企业规模对企业购买排污权有显著正向影响，出人意料的是，企业的环保意识对企业参与排污权交易有负向的影响。尽管 Probit 模型的系数估计过程并不困难，但很难直接解释估计系数的经济意义，因此，本文通过计算 $\partial \Pr(Y_i = j)/\partial X_i$ 来解释变量对农户 IPM 采纳程度的边际效应，结果见表 5 – 5。对估计结果具体分析如下：

表5-5　模型估计结果

变量名	系数	Z值	边际效用	标准误差
X_1 对排污权政策的了解程度	0.58***	3.10	0.2321	0.1952
X_2 对排污权价格的判断	-1.05**	-2.57	-0.1256	0.1514
X_3 环保部门执法次数	0.36	1.21	0.1211	0.2145
X_4 环保补贴	0.21	1.45	0.2198	0.2321
X_5 是否发生过环保纠纷	2.67***	8.01	0.1650	0.2561
X_6 是否经常看到本地企业因为环保问题被处罚	0.34	1.67	0.1732	0.1467
X_7 是否是协会会员	0.03	0.28	0.0572	0.0008
X_8 企业的治污压力	0.52	0.51	0.3528	0.1001
X_9 企业的环保意识	-0.47	-0.36	-0.5536	0.5451
X_{10} 企业的行业属性	0.09***	2.96	0.3231	0.1458
X_{11} 企业规模	3.38***	14.33	0.2294	0.0685

从表5-5可以看出显著的变量，包括：

（1）"对排污权政策的了解程度"变量系数为正，且在1%水平显著。说明如果企业对排污权交易政策的了解程度越高，企业越可能购买排污权。企业的选择与企业对该政策的认知密切相关，认知程度越高，对相关风险的认知和可能的收益认识越到位，企业对排污权交易政策能降低企业治污成本、获得环境产权等特性有更清楚的认识，企业就能够从中获得足够的激励，越可能参与排污权交易。从边际效应来看，企业对排污权政策的了解程度提高一个等级，选择参与的可能性增加23.21%。

（2）"对排污权价格的判断"变量系数为正，且在5%水平显著。说明如果企业认为排污权交易价格会下跌，企业购买、获得排污权的成本下降后，企业反而更不愿意购买排污权。可能的原因是排污权是一种特殊的资源使用权利。环境容量是一种资源，在目前总量控制的情况下，更是一种稀缺资源。随着人民对环境保护认知的提高和国家对环保的要求越来越高，如果排污权价格上涨，其价值也不断增值；反之，如果排污权价格下跌，其价值也不断贬值。

同时，排污权的总量有限，很多企业更多地是从投资的角度来看待排污权的，存在买涨不买跌的心理。

（3）"是否发生过环保纠纷"变量系数为正，且在1%水平显著。说明发生过环保纠纷的企业更倾向购买排污权。这是由于企业一旦发生环保纠纷，一方面影响企业的形象，另一方面会招致环保部门、媒体的介入，在项目申报、发展申请等方面会受到当地政府有形或无形的阻力，进而带来更大的企业发展压力。企业更愿意采用合法合规的手段有效规避此类问题的发生。

（4）"企业的行业属性"变量系数为正，且在1%水平显著。说明污染程度越重的行业越愿意购买排污权。排污权交易政策的目标是通过市场手段治理污染，激发企业积极创新，采用新技术降低企业治污成本。污染重的行业相对污染的基数较大，减排的潜力也较大，他们从排污权交易中获得的可能性收益也会较多，而且污染重的行业的企业其环保压力越大，面对的环保检查更多，公众的关注度也更高，从而更有可能选择排污权交易。从边际效应看，企业的污染程度每增加一个等级，选择排污权交易的可能性增加32.31%。

（5）"企业规模"变量也对企业选择排污权有显著的正向影响。说明企业规模越大，企业越愿意通过正规的渠道解决排污问题。

（五）研究结论

44.53%的企业对排污权交易有购买意愿。从估计的结果来看，企业对排污权政策的了解程度、对排污权价格的判断、是否发生过环保纠纷、企业的行业属性、企业规模对企业购买排污权有显著正向影响，出人意料的是，企业的环保意识对企业参与排污权交易有负向的影响。因此，为了提高企业对排污权交易的参与程度，在未来一方面应加强排污权交易方面的宣传，让企业知晓相关政策、了解排污权对企业发展可能带来的好处；另一方面应该有重点地区别宣传，对规模以上企业和污染较重的行业进行重点宣传，从而收到更好的宣传效果。

五、对策建议

排污权有偿使用和交易是环境管理制度的重大创新，涉及面广，制度设计和具体实施均要统筹兼顾。各试点省市排污权有偿使用和交易在探索中发展，取得了一些积极成效。但整体来看尚存在政策宣传不到位、政策制度建设支撑不足、交易市场活跃度不足、技术支撑欠缺、后期监管不力等问题。推动排污权有偿使用和交易工作要靠解放思想、大胆创新，以改革的思路来不断推进，紧扣污染减排实现环境生态发展这条主线，同时也要靠不断构建完善政策制度、管理机构、技术支撑、监管平台、宣传培训"五大体系建设"的建设，使排污权有偿使用和交易工作不断向前推进。[90]

1. 加强政策制度体系建设

完善的政策制度体系是推动交易实践的根本保障。学术界关于排污权交易制度的诸多问题都已经基本达成一致，但是对于排污权交易制度的法律创设却明显滞后于学术研究和现实实践。国家相关政策应进一步完善。建议在借鉴其他国家做法的基础上，尽快出台《排污权有偿使用和交易试点工作指导意见》和《排污许可证管理条例》等基于我国国情的法律、法规，尽快从法律上明确排污权的产权归属，以有效促进排污权交易，优化新建项目总量前置审批工作。当年减排项目的削减量必须大于当年污染物排放新增量，以实现污染物排放总量持续削减；修订有关法规，从根本上解决排污总量处罚力度问题，明确排污权交易制度的定位。强化交易细节，制定《排污权交易实施细则》；规范排污权交易程序，制定《主要污染物排放权交易规则》《主要污染物排放权电子竞价交易规则》；完善排污权价格形成机制，适时调整主要污染物排放权基准价；完善排污权初始分配，综合考虑环境容量和减排计划，建立排污权分配的优化模型，优化分配模型将综合考虑现状排污量、污染负荷控制目标、各企业治理成本以及区域可持续发展等因素，并且考虑现有分配方法的延续性，从而建立具有理论依据并且现实可行的分配方法。在有了法律基础之后，国家环保总局（现国家环境保护部）也应及时出台有关排污权交易的具体规章制度，明确排污权交易从审批到交易的统一标准，以便于我国排污权交易的实际操作。

2. 推进两级交易机构体系建设

机构能力建设是推动工作的根本基础。合理确定排污权初始分配价格，排污权交易的整个过程必须依赖环保部门的有效监督。建立国家排污权交易中心，精简省内排污权交易机构，充分利用现有行政管理和技术监管资源，按照政府主导、市场推进的基本原则，结合各省具体情况，组建省级排放权交易和管理平台，强化机构各项能力建设，组织开展辖区内排污权交易活动，形成排污权交易管理机构负责组织、交易机构提供交易平台、企业自主交易的"两级交易，分类管理"工作模式。全面启动一级交易市场，深化二级交易市场，建立完善精确的排污信息收集系统，确保企业排污数据、减排数据、交易后期监督检测数据的准确性和可信性。排污单位提出排污权出售申请，环保部门通过对其污染源的总量监测来核实确认其削减额外污染物的能力，才能批准出售申请。建立科学的交易激励机制，对积极削减排污总量并参加的企业从资金、税收、技术等方面予以支持，鼓励排污权作为企业资产进入破产或兼并程序等；逐步引入竞价机制，形成主要污染物排放权的价格由市场调节，推进交易进入"二级市场"程序。对交易成交后，环保部门的监督可以促使排污权交易双方完成其承诺的污染责任，以督促交易双方履行交易合同。需要建立全市垂直统一的监测网络，对排污企业实施全天候的监督。理清无偿分配的排污权与二级市场交易的关系，合理使用排污权交易资金，及时启动并积极培育二级市场。

3. 推进交易指标核算体系建设

技术支撑是推进工作的根本途径。加大构建污染源基础信息平台、排污指标有偿使用分配管理平台、排污权交易信息管理平台的力度。实施两级监控措施：一级是由企业自行承担连续在线监测任务，保证排放的污染物数量不超过其持有的排放权所允许的排污量；另一级是由地方环保部门负责对企业的连续监测系统进行不定期的检查和监督，以保证企业所提供数据的准确性和有效性。具体工作中，应将业务环节衔接为依托，设计好排污权交易与总量控制、排污收费、排污许可证、环评审批之间的技术衔接方案。做好初始排污权分配工作，完成排污权的确权工作，建立初始排污权的权威性。

4. 研究制定相关技术性文件

以《国家"十二五"主要污染物总量减排核查细则》和环境影响评价相关技术导则为技术依据，建立科学的排污权交易指标核定技术方案。建立三个信息系统：排污跟踪系统、许可证跟踪系统和年度调整系统。通过建立三个信息系统，迅速掌握排污单位持有排污权配额的信息，对富余的排污权进行实时查询，并定期对企业的排污指标进行核算，确保企业的排污量与其持有的许可证相等，从而保证企业在市场上进行排污权交易的真实性和一致性。同时，还需加强管理人员的业务水平和职业素养，确保对监测工作的严格执行。并以不同行业、不同地区治污成本核算研究为支撑，科学合理地制定各项污染物的交易基准价。以"十二五"总量控制规划和"十二五"各市污染减排目标责任书为管理依据，以污染普查和总量核查等技术方法为技术依据，开展初始排放权指标技术核算。

5. 排污权指标全过程管理体系建设

将管理的精细化列为排污权交易监管的目的之一，一方面强化定量化管理的能力建设；另一方面是为了加强排污权交易管理系统与其他环境数据管理系统的整合，加强交易后监管的信息化水平。环保部门应加强实时排污监测技术和设备的研发，扩大在线监测设备的安装范围，加大构建污染源基础数据库信息平台、排放指标有偿分配管理平台、污染源排放量监测核定平台、污染源排放交易账户管理平台的力度，通过与企业污染源在线监控、环境执法检查以及常规环境监测等工作协调统一，将交易指标全过程监管落到实处。通过构建污染源基础数据库信息平台，开展排污权交易污染物前期管理工作。构建以计算机网络为基础的排放跟踪系统和审核调整系统，确保有效监测各类污染物排放。通过建立规范的交易程序和交易规则，确保交易过程透明、公开、公正。建立交易企业污染源工作台账，提高交易企业污染源在线监测设备安装率，保障参与交易的污染物能够得到有效的跟踪监控，准确掌握污染企业排放信息变化，强化交易指标后期动态管理。建立排放跟踪检查系统，消除排污者和监管者之间的信息不对称问题，更好地为排污权交易提供安全的技术保障；结合污染减排核查和环境执法监察，加大企业交易排放量的监督检查和行政处罚力度，提供企业超总量排放的违法成本，确保排污权交易量能够严格按照管理要求落到实处。各级环保部门应该加强对企业环境行为的信息公开，将管理的排污企业排污许可证以及排污情况通过网络、报纸、电视等多种手段进行公示，以确保公民知情权，使环保工作纳入社会监督范围，提高公众的环保意识。

最后需要提醒的是，并不是所有的地区都适合开展排污权交易。排污权交易对地方政府的管理能力、基础设施等方面都有很高要求。对于管理能力不足、政策执行力较弱、行政效率较低的地区，不适合开展排污权交易，否则将因为效率与公平问题引发排污企业的抵触心理，使政策收不到预定的效果。对于自动监测系统不够完善，环境监测硬件水平不足的经济欠发达地区，也不适宜开展排污权有偿使用与交易，否则可能会因为无法有效监测而带来监管上的盲区。这些地区的第一要务，应当是脚踏实地，首先提升环境管理能力，加强自身基础能力建设，在满足条件之前采取其他环境管理手段达到管理目的。

第六章　面源污染及其治理

李克强总理在 2014 年的政府工作报告提到："整治农业面源污染，建设美丽乡村。"农村和城市的生态系统是相互影响、相互制约的复杂整体。农业面源污染在污染农村环境的同时，也污染了城市的生态系统。农村可以为城市提供生态服务、景观服务和居住服务等新的服务，城市越发展，农村的土地、森林、水系和村落等资源的价值越珍贵。[96]资料表明，在我国 90% 以上城市水体污染和地下水污染，很多城市河道和湖泊有黑臭现象或发生水华，严重影响我国城市的社会经济可持续发展和对周边区域的辐射带动作用。[97]水污染的来源包括点源污染和面源污染。点源污染主要来自于工业和城市生活污水的集中排放；面源污染的来源比较广泛，其中以来自农村的非点源污染最为突出。2010 年国家发布的第一次全国污染源普查公报中指出，2007 年我国各类废水排放总量中，来自农业的氮、磷元素排放量占排放总量的 57.2% 和 67.4%。美国环保局 2003 年的调查结果显示，农业面源污染是美国河流和湖泊污染的第一大污染源，导致约 40% 的河流和湖泊水体水质不合格，是造成地下水污染和湿地退化的主要原因。来自世界各国的学术研究成果表明：面源污染已成为全球地下水与地表水污染主要污染源，而农业生产造成的面源污染又是其最大贡献者。[98]因此，面源污染是中国城镇化进程中必须要应对的难题。

一、面源污染的含义

（一）含义

面源污染是和点源污染相对应的概念。点源污染是指比较容易辨别、固定排放点的污染源，主要包括工业废弃物及城市生活废弃物，诸如城市工业的废水、来自于固体废弃物的径流和渗漏、集中的禽畜饲养活动等，如工业和生活废水由排放口集中汇入江河湖泊。面源污染是通过管制能够易于被控制的污染。美国《清洁水法》修正案将面源污染定义为"污染物以广域的、分散的、微量的形式进入地表及地下水体"。与点源污染的监测相比，面源污染的监测更加困难，成本高昂。

（二）特点

和点源污染的集中定点排放相比，面源污染起源于分散和多样的区域，地理边界与发生位置难以识别和确定。面源污染的严重程度受到天气状况以及不同地区、不同时间的地理地形状况的影响，因而对其鉴别、监控、防治、管理很困难。面源污染具有以下特点：

1. 分散性和隐蔽性

与点源污染的集中性相反，面源污染具有分散性和隐蔽性的特征，它受到土地利用状况、地形地貌、水文特征、气候、天气等因素的影响，具有空间异质性和时间上的不均匀性。

2. 随机性和不确定性

面源污染的发生与否和严重程度具有很大的随机性和不确定性。例如，降雨量的大小和密度、温度、湿度、地形等都会直接影响化学制品（农药、化肥等）对水体的污染程度。

3. 不易监测性和迁移性

由于面源污染涉及众多的、分散的污染者，污染者的行为在污染的结果上相互影响，污染的来源相互交叉。同时，不同的地理、气象、水文条件对污染物的迁移转化影响很大，因此，识别和监测成本过高，很难具体监测到单个污染者的排放量和最终污染的来源和责任者。

二、农业面源污染对城市生态环境的影响

（一）化学农药污染

目前，中国农药生产量居世界第 1 位，2011 年，全国农药的施用量达 173 万吨。但产品结构不合理，在中国农民使用的农药中，杀虫剂约占总用量的 68%，其中有机磷杀虫剂占杀虫剂总用量的 70% 以上；杀菌剂和除草剂分别占总用量的 18.7% 和 12.5%。[99]农药使用在带来收益的同时，也存在明显的环境外部性。化学农药的施用带来诸多负面影响，包括对环境的负面效应，如污染土壤、地表水、地下水，影响水生动植物。[100]大部分施用的农药或附在作物与土壤上，或飘散在大气中，或通过降雨等经地表径流进入地表水和地下水，污染水体、土壤和农业生态系统，或通过气体挥发在环境中扩散迁移。农田中的农药会随雨水或灌溉水向水体转移。不合理的施药还会减少土壤中动物、微生物的数量，进而降低生物多样性，污染大气环境。

（二）化学肥料污染

化肥污染已成为中国农业环境污染中的突出问题之一。中国农田的氮肥使用量居世界首位，但其利用率很低。调查表明，中国化肥施用平均量是世界平均用量的 2.5 倍。一般地，农作物对肥料的平均利用率氮为 40%～50%，磷为 10%～20%，钾为 30%～40%，未被利用的养分通过径流、淋溶、反硝化、吸附和侵蚀等方式进入环境，污染水体、土壤和大气，造成农业面源污染。农田氮、磷流失已经成为我国水体污染的主要因素。

（三）秸秆焚烧污染

据统计，中国每年产出的秸秆有 6.5 亿多吨。由于缺乏合理的

使用途径，农村剩余秸秆被随意焚烧，不但浪费了生物资源，还会释放出大量的二氧化硫、二氧化氮、可吸入颗粒物等造成严重的空气污染。生物燃烧产生的 CO_2 约占全球排放总量的40%。

（四）畜禽养殖污染源

近年来，中国养殖业规模化、集约化发展迅猛，每年畜禽固体粪污和养殖污水的排放总量逐年增加。但因畜禽粪污运输困难、施用麻烦且无化肥的速效作用，随着人工成本的增加，农业生产中对其的利用率越来越低。畜禽固体粪污和养殖污水含有大量的COD、BOD、氨氮、总磷，很多畜禽粪污未经过处理就直接排放，不仅污染了水体和大气及养殖场周围的环境，还造成中国江河湖海富营养化。

（五）生活污水

目前，大多数农村集体基本无完整的生活污水收集系统和垃圾处理设施，农村生活污水直接排入现有排水沟渠塘及河道，或因排入家前屋后渗入地下，严重影响农村聚居点周围的环境质量。并通过水体循环，进入河流、湖泊、海洋和地下水等水体，造成有机污染、富营养化污染和地下水污染，使水和水体底泥的理化性质或生物群落发生变化，污染城市水体。

三、治理政策下的农户响应分析：以病虫害统防统治为例

非点源污染的广域性、随机性和监测困难等特点，使得传统的点源污染税或技术标准等传统的政策措施不能适应非点源污染治理要求，非点源污染治理无论对发达国家还是发展中国家，都是一个富有挑战性的难题。本节基于调研数据分析农户对病虫害专业化统防统治的响应。从总体上看，我国农民病虫害防治以自防自治为主，不利于新型城镇化的推进、不利于生态环境的保护。我国农村是典型的小农经济，农民的风险规避倾向比一般的经济主体更强。为了规避风险和收入减少的变异性，农民的生产决策往往会偏离经济最

优。[101]我国目前病虫害防治的"一家一户"模式使用的器械以手动喷雾器为主，存在着防治时间不统一、时效性差、器械工效低、农药利用率低、劳动强度大等问题。

由于植保知识缺乏、农药品种繁杂，期望单个分散农民及时全面掌握病虫害防治知识和信息既不经济也不可行，农户分散的病虫害自防自治传统方式桎梏日益凸显。同时，随着中国经济和农村乡镇企业的发展，农业生产比较利益偏低和农业劳动力机会成本增加，加剧了化学品对农业劳动的替代，农户不合理施用农药状况有进一步恶化的趋势。[102]病虫害专业化统防统治是对目前面临多重困境自防自治的一个系统的、积极的回应，其具有经济、生态、社会和公众健康协调效应。农作物病虫害专业化统防统治是通过成立市场化的专业防治组织，在农业部门的科学指导和管理下，采用先进的测报技术、防治器械和防治方法，对较大面积的农作物实行统一病虫害防治的方式。[103]病虫害专业化统防统治具有显著的经济效益、明显的生态效益和深远的社会效益，对增强农业生产中分工的细密程度，提高生产要素的配置效率，增加粮食产量，减少农药施用对环境、食品安全和人体健康的负面影响意义重大。病虫害专业化统防统治贯彻"公共植保"和"绿色植保"的先进理念，在增加粮食产量的同时显著减少了农药使用量和次数；[104]有效降低了农药使用成本，增加了农民收入；[105]提高了病虫害防治技术到位率，从源头上消除了食品安全隐患。[106]大力推进专业化统防统治，对于应对当前严峻的病虫害防治形势，保护生态环境，确保我国粮食安全意义重大，但在发展过程中也面临农民需求不足、发展不平衡等问题。[107]

（一）研究方法

1. 理论分析

西奥多·舒尔茨认为，农户的决策行为与资本主义企业的决策行为没有多少差别，农户的行为是完全理性；Ellis 则认为农户的理性是有限的，农民不是"具有理性最大化行为的经济人"，而是"有条件的最大化"；罗伯特·西蒙则进一步指出，人类行为中理性和非理性同时存在，信息的局限性导致人类决策和行为的非理性；由于中国农户生产规模较小、抵御风险能力较弱，中国农业观察者一般认为农户是风险规避者，风险规避倾向比一般的经济主体更强。农户对病虫害防治服务外包意愿是在基于自身资源禀赋，权衡各种风险基础上，作出的以效用最大化为目的的选择，其决策理性基础是预期成本与预期收益的比较。

按照交易成本理论，在交易涉及的资产专用性投资、合同结果的不确定性和交易频率比较低时，市场机制更为有效。病虫害专业化统防统治的资产专用性投资较低；在实践中，病虫害防治服务通常由政府行政推动和政策扶持，降低了合同结果的不确定性；病虫害防治外包的交易频率主要发生在病虫害高峰期，交易频率比较低。因此，适应采用市场机制来解决农户生产过程中的病虫害防治问题。

病虫害防治外包，通过扩大农业生产过程的分工，提高了农业生产和病虫害防治的专业化程度，提高了资源配置效率。由于中国农户的生产规模较小，将不具备优势的病虫害防治环节外包给具有相对优势的外部组织，有利于农户缩小生产活动范围，集中精力于核心业务，提高农户的生产效率。病虫害防治作为耗时耗力的体力劳动，农户将其外包后节约的劳动可以从事更多的外出就业。一般地，非农劳动的经济效益高于农业生产活动，因此，病虫害统防统治的劳动节约效应将增加农户的收益。而且，病虫害防治作为知识、信息密集生产环节，专业的病虫害防治组织可以更好地掌握和应用，由专业的病虫害防治组织统一防治病虫害将极大提高病虫害防治的效果和农药施用效率，带来食品安全、生态环境、农民健康溢出效益。并且，统防统治过程中的人力资本与知识资本的积累和传播、分工深化、专业化程度提高形成一个良性循环，将进一步提高资源配置效率。

2. 模型构建

农户采用服务外包的目标是实现利润最大化。假定农户病虫害服务外包前的总收入为 Y_1，包括农业收入和非农就业收入。$Y_1 = P_1 \times F_1 (K_1, L_1, S) + \omega (L_0 - L_1)$，式中，$P_1$ 为服务外包前的农产品价格，F_1 为服务外包前的农产品产出，K_1 为服务外包前的资本投入，L_1 为服务外包前的农业生产中的劳动投入，S 为土地要素投入，ω 为农业劳动力价格，L_0 为农户家庭总劳动力。

服务外包前的总成本为 C_1，$C_1 = \alpha K_1 + \omega L_1 + \beta S$，式中 α 为资本的价格，β 为土地价格。则农户病虫害服务外包前的净收益为：

$$Y_1^* = Y_1 - C_1 = P_1 \times F_1 \ (K, \ L_1, \ S) \ + \omega \ (L_0 - L_1) \ - \ (\alpha K + \omega L_1 + \beta K)$$

假定农户病虫害服务外包后的总收入为 Y_2，包括农业收入和非农就业收入。

$$Y_2 = P_2 \times F_2 \ (K_2, \ L_2, \ S) \ + \omega \ (L_0 - L_2)$$

P_2 为服务外包后的农产品价格，F_2 为服务外包后的农产品产出，K_2 为服务外包后的资本投入，L_0 为服务外包后农业生产中的劳动投入。

服务外包后的总成本为 C_2，$C_2 = \alpha K_2 + \omega L_2 + \beta K$，则农户病虫害服务外包后的净收益为 $Y_2^* = Y_1 - C_1 = P_2 \times F_2(K_2, \ L_2, \ S) + \omega(L_0 - L_2) - (\alpha K_2 + \omega L_2 + \beta K)$。则：

$$\begin{aligned}
Y_2^* - Y_1^* &= P_2 \times F_2 \ (K_2, \ L_2, \ S) + \omega \ (L_0 - L_2) \ - \\
&\quad (\alpha K_2 + \omega L_2 + \beta K) - P_1 \times F_1(K, L_1, S) + \omega(L_0 - L_1) + \\
&\quad (\alpha K + \omega L_1 + \beta K) = P_2 F_2(K_2, L_2, S) - P_1 F_1(K, L_1, S) + \\
&\quad \omega(L_1 - L_2) + \alpha(K - K_2)
\end{aligned}$$

由于病虫害专业化统防统治服务可以实现病虫害防治决策由农户独户决策向社区科学决策转变，病虫害防治决策技术由对单虫单病的化学防治向病虫综合防治、统防统治转变，减少病虫害带来的粮食损失，即一般地 $F_2 > F_1$。同时，由于中国还没有形成基于病虫害控制和残留的粮食市场，因此，虽然病虫害统防统治通过更科学合理施药、减少农药施用进而减少农药残留，但这并没有反映在粮食价格上，因此，$P_1 = P_2$；病虫害统防统治后，减少了农户施药的作业时间，因此，一般地，$L_2 < L_1$；但农户会因此支付一定的统防统治服务费用，因此，$K_2 > K_1$。

一般地，只要 $Y_2^* - Y_1^* > 0$，即 $P_1 \times [F_2 \ (K_2, \ L_2, \ S) - F_1 \ (K, L_1, \ S)] + \omega \ (L_1 - L_2) > \alpha \ (K_2 - K)$，农户通过服务外包的方式来防

治病虫害就有利可图，就会选择病虫害服务外包。

以上只是理论分析，农户实际的选择意愿如何有待进一步通过实证来检验。

本文主要考察稻农对专业化统防统治服务的需求意愿，稻农病虫害防治方式主要有三种选择：愿意购买承包防治，愿意购买代防代治，两者都不愿意（采用自防自治方式）。由于因变量属于离散变量，在分析离散选择问题时采用概率模型（Logit、Probit 和 Tobit）是理想的估计方法。根据数据特征，本文采用多项 Logit 模型来分析这一问题，多项 Logit 模型主要用来估计不同的个体在 J 个互斥的备选项中做出选择的情形。

其概率公式如下：$P_{nj} = \dfrac{e^{V_{ni}}}{\sum_{j=1}^{J} e^{V_{nj}}}$，式中，V 表示可由被观察到的自变量解释的部分效用，即非随机效用，一般假定为线性函数，即 $V_j = X_{1j} + X_{2j} + \cdots + X_{pj}$，$j$（$j = 1$，2，$\cdots$，$J$）表示备选的选择集。多项 Logit 模型采用极大似然估计的方法估计参数，构造似然函数如下：$L(\beta) = \prod_{n=1}^{n} \prod_{j}^{J} (P_{nj})^{y_{nj}}$，$y_{nj}$ 为指示变量，在农户 n 选择病虫害防治方式 j 时取值为 1，否则为 0。为了计算的方便，可以进一步去似然函数的自然对数，带入概率公式，得到对数似然函数：

$$LL(\beta) = \sum_{n=1}^{N} \sum_{j=1}^{J} y_{nj} \ln \frac{e^{V_{ni}}}{\sum_{j=1}^{J} e^{V_{nj}}} \quad (V_{nj} = \beta_j x_n)$$

参数的估计值为 $\dfrac{dLL\ (\beta)}{d\beta} = 0$。带入概率公式，可以得到：

$$\ln \left[\frac{\Pr(Y_i = j \mid X)}{\Pr(Y_i = k \mid X)} \right] = X(\hat{\beta}_j - \hat{\beta}_k) \quad \forall k, k \neq j$$

多项 Logit 模型的参数 $\hat{\beta}_j$ 的含义为，在控制其他变量的情况下，变量 X_j 变化一个单位使得个体选择选项 j 相对选择选项 i 的相对概率的变化 $e^{\hat{\beta}_j}$ 倍。通常将自变量各自对应的风险比转换成相对风险比是有用的，其计算公式为：

$$\frac{\Pr(Y_i = j)}{\Pr(Y_i = k)} = \exp(X'_i \beta_j)$$

由于很难直接解释估计系数的经济含义，通常，需要计算自变量对农民选择某种防治方式的意愿的边际效应，其公式为：

$$\frac{\partial \Pr(Y_i = j)}{\partial_{x_i}} = \Pr(Y_i = j)(\beta_j - \overline{\beta_i})$$

3. 变量选取

农户农药病虫害统防统治服务需求意愿是多种因素相互作用的结果，根据上面的理论分析、预调研的实际情况和相关数据的可获得性，本文选择户主个体特征、家庭经营特征和政府政策诱导变量，作为农户病虫害专业化统防统治服务需求的待检验因素（见表6-1）。农作物病虫害统防统治服务在具体实践中采取的形式包括：代防代治和承包防治，代防代治由农户自己购药，请具有一定植保知识技能的人员代为施药防治，承包防治由农民全权委托服务人员购药和进行防治，由专业服务人员负责农作物生长全过程的病虫防治工作，两者的主要区别表现在代防代治的农药施用决策权仍然由农户掌握。

表6-1　变量选取及其解释（$n=740$）

变量名	变量类型	变量解释
Y（病虫害专业化统防统治服务需求意愿）	因变量	1＝自防自治；2＝代防代治；3＝承包防治
X_1 年龄	户主个体特征	家庭户主年龄
X_2 性别		户主性别：0＝女，1＝男
X_3 受教育年限		户主接受正式教育的年限
X_4 健康意识		2009年农药施用引致的急性病发生次数
X_5 农业劳动力数量	家庭经营特征	家庭经常参加农业生产活动的劳动力数量
X_6 非农就业难度		农药施用决策者（喷洒农药者或者户主）非农就业难度：1＝容易；2＝一般；3＝难
X_7 收入结构		种植业收入占总收入的比重
X_8 耕作制度		0＝单季稻；1＝双季稻

续表

变量名	变量类型	变量解释
X_9耕地面积	耕地特征	家庭耕种的稻田面积（亩）
X_{10}耕地块数		家庭耕地块数
X_{11}耕地距离		耕地平均离家距离
X_{12}政府政策诱导	外部诱导	是否接受过作物病虫害专业化统防统治的宣传：没有＝0，有＝1

（1）户主个体特征。包括农户的年龄、性别、受教育年限和健康意识。年龄大的户主一般偏向保守，更愿意保持现状，因此，本文推测户主年龄与病虫害统防统治服务需求之间存在负相关的关系；农药施用是一项体力劳动，因此女性户主可能对病虫害专业化统防统治服务需求更迫切。户主受教育程度越高，越容易意识到病虫害专业化统防统治带来的收益，同时，受教育程度高的户主可能有更多的非农就业机会，因此，其理性决策可能对病虫害专业化统防统治产生正的效应。理论上，人们对事物的信念和态度受到个人经历的影响，过去的经历常被作为人们行为决策的依据之一，经历过农药施用中毒事件的农民对农药施用的健康风险的感知越多，更可能会出于健康的考量，产生病虫害专业化统防统治服务需求意愿。

（2）家庭经营特征。本文将影响农药施用决策者病虫害防治方式选择意愿的家庭经营特征设定为家庭农业劳动力数量、非农就业难度、收入结构、耕作制度。首先，农药施用是一项体力劳动，必然会受到家庭劳力数量的影响，家庭农业劳力越多，受到的劳动力约束越小，从而可能对病虫害专业化统防统治需求意愿更低。其次，一般地，由于农业比较收益偏低，非农就业的收益高于农业就业，农户会根据非农就业难度做出兼业化行为抉择的理性判断，从而实现家庭收入最大化，如果户主非农就业较容易，更可能选择病虫害专业化统防统治。最次，收入结构中来自种植业收入的比重影响农户对农业收入的依赖程度和对农业生产活动决策权的重视程度。最后，耕作制度构成了对病虫害防治量的需求，由于晚稻病虫害更加严重，种植双季稻的农户病虫害量远远大于种植单季稻的农户，从而影响其对病虫害专业化统防统治的需求。

（3）耕地特征。包括耕地规模、耕地块数、耕地距离。首先，耕地规模即影响农户的病虫害防治量，又影响到农户对病虫害统防统治的风险预期和收益预期。其次，耕地块数越多，农户自己施药越烦琐、时间成本越高，本文假设耕地块数正向影响农户的病虫害专业化统防统治需求。再次，耕地距离直接影响农户施药的方便程度、交通成本和时间成本，因此本文假设耕地距离正向影响农户的病虫害专业化统防统治需求。

（4）外部诱导。病虫害专业化统防统治作为一种新兴事物，农户会因为对其不了解而不能正确评估其预期效果和收益。政府政策诱导能够帮助农户认识其潜在收益，进而有可能提高农户对病虫害专业化统防统治服务参与的积极性和需求意愿。

（二）数据来源和描述性分析

1. 数据来源

安徽省安庆市和巢湖市是安徽省主要的水稻产区，也是国家级粮食主产区、优质水稻主产区。课题组于 2010 年 11 月 8～15 日在调查点随机选取 30 个农户进行入户访谈，以此为基础对调查问卷做进一步修改和完善。2011 年 3 月 12～23 日展开正式调查，基于分层抽样法，共入户调查了 8 个乡镇共 815 户农户，最终的有效问卷为 740 份，有效率为 90.80%。值得说明的是，调查是在当地政府帮助下完成的，选择的调查对象都是家庭农药施用者和决策者或主要农业从业者，提高了问卷的精确度。调查的主要内容包括农户基本特征、家庭经营特征、农药施用情况、病虫害专业化统防统治服务需求意愿等。

2. 描述性分析

调查结果显示，被调查对象的平均年龄为 52.11 岁，样本分布区间为 32～73 岁，其中小于 50 岁的农户占 42.43%；98.11% 的家庭农药施用决策者为男性；耕作制度以双季稻为主，占 78.92%；收入结构（种植业收入占总收入的比重）介于 25%～49% 的农户占样本的 41.08%；37.97% 的农户播种面积小于 5 亩，但有 2.57% 的农户播种面积大于 50 亩；只有 8.51% 的农户曾经接受过政府病虫害专业化统防统治的宣传。大部分（75.68%）农户倾向于保持目前的自防自治现状，9.32% 的农户愿意购买代防代治服务，15.00% 的农户愿意购买承包防治服务。总体上，愿意参与病虫害专业化统防统治的农户比重较低（24.32%）。（表 6 - 2）

表 6 - 2　调查样本基本情况（n = 740）

项目	选项	户数	比例（%）	项目	选项	户数	比例（%）
年龄	<50 岁	314	42.43	是否得到政府宣传诱导	是	63	8.51
	50～60 岁	276	37.30		否	677	91.49
	>60 岁	150	20.27	耕地规模	>50 亩	19	2.57
耕作制度	单季稻	156	21.08		10～50 亩	121	16.35
	双季稻	584	78.92		5～9.9 亩	319	43.11
家庭种植业收入比重	≥75%	159	21.49		<5 亩	281	37.97
	50%～74%	173	23.38	农户病虫害防治服务需求意愿	代防代治	69	9.32
	25%～49%	304	41.08		承包防治	111	15.00
	<25%	104	14.05				

（三）模型结果分析

数据处理借助 Stata10.0 软件包，模型 IIA 检验的结果（Prob > chi2 = 0.226，Prob > chi2 = 0.594，均大于 0.05）说明本文应用多项 Logit 模型是合适的，估计结果和边际效应见表 6 - 3。从回归结果看，对数似然比检验值为 - 210.214，相应的，伴随概率 Prob > F = 0.0000，说明模型拟合效果很好，达到研究的目标和要求。模型估计结果具体见表 6 - 3，具体解释如下：

1. 户主个人特征的影响

（1）年龄。年龄对"代防代治"服务需求意愿在 1% 的水平上有显著正向影响，但对"承包防治"的影响不显著。回归结果显示，相比较对病虫害"自防自治",户主年龄增加使得其对"代防代治"服务需求意愿的相对概率增加1.165倍;从边际效应来看,户主的年龄在平均值处每增加1岁,选择"代防代治"的概率增加0.60%,这是由于随着户主年龄的增加,农业劳动能力在逐渐减弱,越倾向于购买"代防代治"服务来满足病虫害防治需求。从样本统计结果来看,对"代防代治"服务有需求意愿户主的平均年龄为52.97岁,对"承包防治"服务有需求意愿户主的平均年龄为51.69岁,而倾向于保持目前自防自治现状的农户户主平均年龄为52.08岁。可以看出,对"代防代治"服务有需求意愿户主平均年龄远高于对"承包防治"服务有需求意愿户主,也高于倾向于保持现状的农户。年龄对"承包防治"服务需求意愿影响不大,不具有统计上的显著性,可能是由于一方面年龄大的农户面临自身劳动力衰弱的可能,可能对"承包防治"服务产生需求,但同时,年龄越大的农户越倾向于保守,不愿意放弃病虫害防治的决策权,这两种效应相互抵消,导致其在统计上不显著。

(2)性别。性别对农户"代防代治"和"承包防治"服务需求意愿影响较小,且在统计上不具有显著性。由于传统观念的影响,中国农村家庭一般以男性为主,反映了男性和女性在社会和家庭中的地位差异。调查数据显示,在被调查的农户中,农户为男性的为726户,占样本农户的98.11%,可能是女性户主的比重过低,导致其不显著。

(3)受教育年限。受教育年限对农户"代防代治"和"承包防治"服务需求意愿影响较小,且在统计上不具有显著性。可能的原因是受教育程度越高的农户一方面能够更好地认识到统防统治带来的益处,这可能会增加其对病虫害专业化统防统治服务的需求意愿;但同时也更有能力理解病虫害防治信息,采用先进的防治器械和防治方法,取得较好的病虫害防治效果,从而降低了对"代防代治"和"承包防治"服务需求的意愿,具体的原因还有待进一步研究。

(4)健康意识。健康意识对农户"代防代治"和"承包防治"服务需求意愿影响较小,且在统计上不具有显著性。在调查中发现,部分农户根本就没有意识到农药施用的健康风险，部分农民虽然认识到农药暴露带来的短期健康风险但没有意识到其长期健康影响，而且这种认识没有反映到农药施用行为中，农民更关注农药施用的产量减损收益。

表6-3　模型估计结果（n=740）

病虫害防治方式	代防代治（对照自防自治）			承包防治（对照自防自治）		
变量代码	系数	相对风险比	边际效应	系数	相对风险比	边际效应
年龄	0.153***	1.165	0.0060	0.028	1.028	0.0001
性别*	-0.833	0.435	-0.0483	1.879	6.547	0.0060
文化程度	0.066	1.069	0.0026	0.068	1.070	0.0004
健康意识	-0.090	0.914	-0.0035	0.030	1.030	0.0002
农业劳动力数量	-1.822***	0.162	-0.0713	-0.849**	0.428	-0.0052
非农就业难度	-0.792***	0.453	-0.0306	-1.684***	0.186	-0.0112
收入结构	-0.584	0.557	-0.0218	-4.205***	0.0150	-0.0283
耕作制度*	-2.211***	0.110	-0.1621	-2.730***	0.065	-0.0433
耕地面积	0.224***	1.252	0.0088	-0.228**	0.796	-0.0016
耕地块数	-0.245	0.783	-0.0096	-0.110	0.896	-0.0007
耕地距离	-0.282	0.754	-0.0111	0.353	1.423	0.0025
政府政策诱导*	1.877***	6.535	0.1544	1.300	3.664	0.0125
常数项	-5.614**			2.866		
Pseudo R² = 0.6036						
Hausman test for IIA：chi2 = 16.444，Prob > chi2 = 0.226； chi2 = 11.196，Prob > chi2 = 0.594						
Log likelihood = -210.214						
LR chi2（24）= 640.30　Prob > chi2 = 0.0000						

1. 带*号自变量的边际效应为其从0到1变动时的结果，其他变量的边际效应为变量均值处的边际效应；

2. *、**、***分别表示在10%、5%、1%水平上显著。

2. 家庭经营特征的影响

（1）农业劳力数量。家庭农业劳动力数量对农户"代防代治"和"承包防治"服务需求意愿均有显著负向影响。表6-3的结果显示，家庭农业劳动力数量增加使得选择"代防代治"和"承包防治"方式的相对概率显著降低，相比较选择"自防自治"的概率，选择"代防代治"和"承包防治"的概率为其0.162倍和0.428倍；从边际效应来看，家庭农业劳动力数量在均值处没增加1人，选择"代防代治"和"承包防治"的概率分别减少7.13%和0.52%。病虫害防治是一项劳动力需求较大的农业劳动，从农户家庭决策的角度分析，家庭决策的基础是尽可能地利用家庭内部成员的分工优势使家庭收益最大化，家庭农业劳动力越少，则越有意愿通过病虫害专业化统防统治服务来解决农业劳动力缺乏的制约。

（2）非农就业难度。非农就业难度对农户"代防代治"和"承包防治"服务需求意愿均有显著负向影响。非农就业难度是本文重点关注的变量之一，农民进入非农产业就业必然会对农业生产产生影响[108]，一方面，改变了农业生产所需要劳动力有效供给不足，导致其他要素对劳动力投入的替代；另一方面，非农就业丰富了农户的收入来源，由于收入的增加和多元化[109]，改变了农民对农业的依赖程度和对病虫害专业化统防统治服务的支付能力。一般地，非农就业较容易的农药施用决策者将会因为劳动力机会成本的增加而更倾向于病虫害专业化统防统治，同时，由于兼业市场通常有容易度量的工资水平，在价格信号的引导下，农民病虫害防治方式选择决策也更加理性。相对风险比结果显示，相比较与对"自防自治"的选择概率，农户对"代防代治""承包防治"服务需求的相对概率分别为其0.453倍和0.186倍；边际效应结果显示，非农就业难度从"一般"提高到"难"，选择"代防代治"的概率下降3.06%，选择"承包防治"的概率下降1.12%。

（3）收入结构。收入结构对农户"承包防治"服务需求意愿有显著负向影响，对"代防代治"服务需求意愿影响不显著但系数为负。说明种植业收入占家庭总收入比重越高的农户越不愿意参与

"承包防治"和"代防代治"。从边际效应来看，种植业收入占家庭总收入比重在均值处提高1%，选择"承包防治"的概率减少2.18%，选择"代防代治"的概率减少2.83%。风险偏好是农民行为决策的基础之一，家庭收入的多样性某种程度上是测量风险的方法，对农业收入依赖程度越高的农民越是风险厌恶的，可能越不愿意放弃对病虫害防治的决策权，不愿意采纳"承包防治"和"代防代治"服务。

（4）耕作制度。耕作制度对农户"代防代治"和"承包防治"服务需求意愿均有显著负向影响。表6-3的结果显示，相比于种植单季稻的农户，种植双季稻的农民选择"代防代治"的概率下降16.21%、选择"承包防治"的概率下降4.33%。说明种植双季稻的农户越不偏好病虫害专业化统防统治服务，究其原因可能是双季稻病虫害远比单季稻严重、产量风险更大，同时，防治成本更高，从而产生不同的风险—收益预期和成本—收益预期，影响农户决策。

3. 耕地特征的影响

（1）耕地面积。耕地面积对农户"代防代治"服务需求意愿均有显著正向影响，而对农户"承包防治"服务需求意愿有显著负向影响。边际效应结果显示，耕地面积在均值处增加1亩，农户选择"代防代治"的概率增加0.88%，选择"承包防治"的概率减少0.16%。说明拥有的耕地越多的农民越不愿意参加"承包防治"，而倾向于选择"代防代治"。从样本统计结果来看，对"代防代治"服务有需求意愿农户的耕地面积平均为68.61亩，对"承包防治"服务有需求意愿农户的耕地面积平均为3.52亩。在调查中发现，耕地面积较大的种植大户一般购置了先进的喷洒工具，拥有比较丰富的病虫害防治知识和经验，参加"承包防治"的沉没成本较高；而耕地面积较小的农户由于达不到病虫害防治的规模效应，对"承包防治"的需求意愿更大。

（2）耕地块数。耕地块数变量对农户"代防代治"和"承包防治"服务需求意愿影响较小，且在统计上不具有显著性。主要是由于在调查的地区，农户耕地块数都较少，93.24%的农户的耕地块数在 3 块及以下，对农户病虫害防治活动的时间成本和劳动强度影响较小。

（3）耕地距离。耕地距离变量对农户"代防代治"和"承包防治"服务需求意愿影响较小，且在统计上不具有显著性。这是由于在调查地区农户离耕地距离较小，最大为 2 公里，平均为 1.07 公里，因而对病虫害防治成本影响不显著。同时，随着国家对农机补贴的增加，农户拥有更多作业半径较大的农业机械。

4. 政府政策诱导的影响

政府政策诱导变量也是本重点关注的变量之一。政府政策诱导变量对农民"代防代治"服务需求意愿有显著影响，对"承包防治"服务需求意愿的影响虽然不显著但系数为正。相对风险比结果显示，接受过统防统治宣传的农户选择"代防代治""承包防治"的概率是选择"自防自治"概率的 6.535 倍和 3.664 倍，说明接受过政策宣传的农民更倾向于选择病虫害专业化统防统治。病虫害专业化统防统治服务需求很大程度取决于农民的理性预期，由于我国农户的理性受制于他们所掌握的知识、信息等，是一种有界理性，使得农户所做出的选择更多地基于已知信息。病虫害专业化统防统治服务作为新生的事物，农户对其缺乏了解，通过政府的宣传，农户可以获取相关的服务信息，并了解该服务的潜在成本和收益情况，从而提高参与意愿。边际效应分析显示，接受过政策诱导的农民选择"代防代治"的概率提高 15.44%。政府政策诱导变量对农户"承包防治"服务需求意愿的影响不显著，主要原因是样本地区政府政策宣传基于当地病虫害统防统治发展水平，鼓励农户参加"代防代治"，很少涉及"承包防治"。

（四）简短的结论

农户的响应机制是政府相关政策发挥效应的基础。病虫害专业化统防统治对农业劳动力转移、提高农业生产活动收益从而促进新型城镇化、减轻农药施用负面生态环境影响具有重要意义。本节基于安徽省粮食主产区农户的实地调查，运用多元 Logit 模型定量分析了农民病虫害防治方式选择意愿及其影响因素。调查发现，有9.32%的农户愿意购买"代防代治"，15.00%的农户愿意参加"承包防治"；整体上，农户对病虫害专业化统防统治的响应程度不高。计量结果表明：年龄越大的农户越倾向于采纳"代防代治"服务；户主非农就业越难、家庭农业劳动力越多，耕种双季稻对农户的"代防代治""承包防治"服务需求意愿有抑制作用；农业收入占家庭总收入的比重越高，对"承包防治"服务需求意愿越低；耕种面积越大的农户对"代防代治"服务需求意愿显著增加，而对"承包防治"服务需求意愿降低；政府政策诱导显著提高了农户"代防代治"服务需求意愿，但农户的健康意识并没有反映到对病虫害专业化统防统治服务需求意愿中。

四、面源污染治理的秩序重构

农业面源污染的产生和迅速扩展可以归结为四个方面：传统农耕文化被化学技术的迅速瓦解，制度环境的非预期性效果，农业经营方式的转变，市场的逆向激励。[110] 从城乡一体化的角度来看，农村地区在未来的城镇化发展中，扮演着为都市提供各种生态服务功能的角色，农村可以挖掘利用自身的自然资本创造并体现出景观价值、传统文化价值，维护城市环境质量的价值，保护生物多样性，体验娱乐、教育等方面的价值。这也是在城镇化进程中拓展农村发展空间、服务城市生态文明、实现城乡双赢的必然选择和绿色通道。因此，对农村面源污染的治理必须发展而不依赖于技术手段，同时，需要创建那些市场缺失的动因，消除不利于环境保护、资源恢复和再循环的制度和机制，让市场价格能够反映社会和环境成本，使农村的生态价值、文化价值和精神价值得到承认和保护。

（一）以正向的激励补贴制度为主

根据皮古的理论，对具有正外部性的经济活动应给予相当于其正外部性的补贴，对具有负外部性的经济活动则征收相当于其损害价值的税收。从经济学的角度看，很多农村污染的产生是由于资源配置被严重扭曲的结果。而资源配置之所以被扭曲，是因为外部性的存在。考虑到我国农村的分散性和农民收入不均衡等特点，政府在农村面源污染治理方面应该减少直接行政干预，更多地利用经济手段和激励机制控制自然资源的输入和污染物质的输出，引导绿色有机农产品市场价格体系的形成，采用经济杠杆，实施生态农业鼓励政策，对采取农田管理措施的农户给予奖励，而对破坏环境的予以惩罚，使生产者和消费者行为朝着有利于环境友好的方向发展。充分运用行政、法律、经济、财政等手段，进行宏观调控，约束企业和农户在生产过程中的不作为行为，从生产到消费各个领域，倡导新的行为规范和行为准则，积极地引导农户和企业共同推动改变农村环境。

（二）建立健全相关法律法规

在立法方面，国家有关部门应修改《中华人民共和国环境保护法》《中华人民共和国水污染防治法》《中华人民共和国水法》《中华人民共和国水土保持法》《中华人民共和国防洪法》《中华人民共和国渔业法》《中华人民共和国自然保护区条例》等法律法规中有关农业面源污染管理的相关条款，建立健全相关管理制度，加强对化肥、农药污染物的管理，规制农业有机废弃物排放，完善农村环境管理体系的法律法规，建立限定性农业生产技术标准。

在农药方面，严格执行相关法律法规对高毒、剧毒农药的严格禁止施用规定，同时对生物农药和绿色农药的研发和推广进行补贴，减轻对有害农药的依赖性。健全农药污染监测体系，对农药生产、使用、贮存和运输等全过程进行有效监控。加强对农业技术推广体系建设，结合阳光工程，加大对农民的培训力度。提高农药的施用剂量和施用效果，降低施用量。特别的是，充分发挥组织在病虫害防治方面的作用，增强专业化防治组织的防控能力。要利用病虫害监控网络和现代通信手段，及时为防治组织提供病虫害发生信息和防治技术，确保病虫情预报及时、准确，防治技术措施落实到位，做到科学防控，及时防控，掌握防控主动权。要加强对防治组织的技能培训和技术服务，做好高效低毒农药和新型药械推荐，不断提升专业化防治组织的服务能力和服务水平。

在化肥施用方面，可以借鉴国外的肥料施用法规，制定农田管理制度，对农业生产过程中的行为等运用法律和规章制度进行规定和管理，强化标准的制定和执行，如制定环境安全的良好农业措施系统，加强测土配方技术的推广和应用，规范农田施肥的时间、种类和数量；规定允许种植的作物类型（轮作体系）、施肥数量、时间、种类和方法等。

在农村废弃物的利用方面，要规制废弃物的循环利用，促进我国商品化有机肥的产业发展，提高有机肥的"广域循环"（异地循环利用）和"静脉循环"（当地循环利用）机制。鼓励全面开展秸秆碎化还田和综合利用，减少秸秆焚烧和有机肥料积累的环境影响。同时，开展村镇生活垃圾收集利用制度建设和处理设施建设，加快农村生活垃圾的资源化处理进程。

（三）提升农村技术服务和推广体系的有效性

我国目前已经形成了种植业技术推广体系、畜牧业技术推广体系、水产业技术推广体系、农业机械化技术推广体系、林业技术推广体系和水利技术推广体系六大体系，但随着我国计划经济向市场经济的转轨，农业技术推广"网破、线断、人散"的现象广泛存在，农村技术服务和推广体系的有效性堪忧。必须借助市场和政府两种推动力量，提升农村技术服务和推广体系的有效性。一方面，可以按照市场运行法则，鼓励市场各种主体以经济效益为中心，向农户提供科技服务。要以种植大户、专业合作组织和各类经营实体为依托，建立农村专业服务组织，将千家万户的分散经营同千变万化的大市场联结，将现代科技和知识普及、机械等推广运用相结合，大力支持种粮大户、供销合作社、农民专业合作社、专业服务公司、专业协会、农民经纪人、龙头企业，提供多种形式的生产经营服务，满足广大农民不同层次的服务要求，解决集体经济组织"统"不下来，国家经济技术部门包不下来，农民单家独户办不下来的事情。

另一方面，针对市场不能够解决的问题和覆盖的服务，应该由政府提供市场不能够提供的科技服务等公共产品。如建设农业有害生物预警与控制区域站，并配备相对完善的现代化监测实验仪器、测报工具、信息处理和可视化信息采集和制作设备，在系统测报上达到自动化、可视化、网络化和规范化；建立推广科学的施肥体系，实现化肥减量增效控污；推广太阳能、沼气等适合农村使用的清洁能源，提高农村清洁能源利用率；进行农村村庄连片环境综合治理示范工程，加强村庄治理，推进村庄连片整治示范区建设。

最后，我国农民在资源禀赋、利益目标以及各自的角色定位等方面普遍存在异质性，各类服务主体在选择潜在的服务对象时，应当认真研究和适应不同特征的农户，针对不同特征农户采取不同的推广策略和服务策略，从而提高农户对政策的响应程度。

第七章 生态补偿：问题与对策

随着工业化、城镇化进程的加快，经济发展与资源环境之间的矛盾越来越尖锐，我国正处于既强烈要求发展经济又迫切需要保护生态环境的关键时期。环境补偿机制正越来越多地被应用于世界各地，用于平衡一个地区因发展对环境造成的破坏与环境保护之间的矛盾。面对生态环境的日益恶化，我国政府也开始在经济发展的宏观政策制定和实践中加强生态文明建设。其中生态补偿作为一项主要的经济——生态可持续发展的措施，频繁出现在经济发展的宏观政策中。中国动用公共财政恢复生态的各项工程举世瞩目，但粗放的经济增长方式使得资源利用效率低，环境本身亦存在破坏容易、恢复难的特点。生态补偿依托经济手段，将生态系统服务的保护和可持续利用协调到统一的制度框架中，从而实现科学的经济发展模式。建立生态补偿机制，就是要以保护生态环境为根本出发点，根据生态功能价值、生态保护成本、发展机会成本等多种因素进行核算，综合运用行政和市场手段，按照谁开发谁保护、谁受益谁补偿的原则，调整各区域相关各方的利益关系。[111]

生态补偿与生态服务功能的空间流动与生态系统的外部性有很大关系。外部性就是指由某种经济活动产生的、存在于市场机制之外的影响。从生态系统服务功能价值的角度看，生态系统中的物质产品可以直接实现其使用价值，而其他生态产品需要通过空间上的流动才能实现其使用价值。由于生态系统服务功能具有空间上的流动性，如生态系统固碳释氧和净化大气的功能，通过气流循环，影响到流域内的城市、农田等其他生态系统，通过大气环流与流域外乃至全球生态系统产生交换，对全球生态系统和人类的生存、生活乃至生产活动产生影响。生态系统不同功能在不同空间的流动，也形成了生态系统的外部性。生态系统的外部性，包括正的外部性和负的外部性。正的外部性是对其他生态系统和人类社会产生正面的和有益的影响，如固碳释氧功能，吸收和固定二氧化碳，减缓气候变暖，增加负氧离子浓度，促进人类健康；负的外部性是对其他生态系统和人类社会产生负面的和不利的影响，如水污染的跨地区、跨流域污染迁移；或者当原生地生态系统承载力不够时，野生动物会跑出其长期生活的区域，毁坏农作物，乃至造成房屋毁坏和人身伤害。生态系统服务功能及其价值的空间流动，决定了生态系统的外部性。同时，生态服务的不同功能的空间流动范围不同，其价值实现的空间不同，生态服务的范围不同，受益的范围和影响的范围也不同，决定了确定生态补偿的利益相关者和生态补偿机制的建立的复杂性和异质性。

在传统发展模式中，生态环境价值往往被有意或无意忽略，带来了环境利益背后经济利益分配关系的扭曲。从流域水环境来看，虽然中央及地方在推进流域水环境保护方面做了很多努力，但流域水环境恶化已经成为制约我国可持续发展的重要因素。在水生态环境方面，我国的水土流失严重，部分河流断流、湖泊萎缩，天然湿地减少，生态功能下降。从 1980 年到 2009 年，每年废污水的排放量不断增加，其中工业废水占到了 2/3。中国北方大部分地区都存在不同程度的缺水，同时，主要流域都存在不同程度的过度开发状况，例如海河流域开发利用度达到了 87.6%，而太湖流域更是达到了 218.8%。

生态补偿是解决开发建设和生态保护矛盾的主要出路。在《国务院关于落实科学发展观加强环境保护的决定》以及"十二五"规划中，都明确提出要尽快建立生态补偿机制。为了建立促进生态保护和建设的长效机制，党中央、国务院又提出"按照谁开发谁保护，谁破坏谁治理，谁受益谁补偿的原则，加快建立生态补偿机制"。党的十八大三中全会公报提出，要"实行资源有偿使用制度和生态补偿制度"。坚持使用资源付费和谁污染环境、谁破坏生态谁付费原则，逐步将资源税扩展到占用各种自然生态空间。稳定和扩大退耕还林、退牧还草范围。坚持谁受益、谁补偿原则，完善对重点生态功能区的生态补偿机制，推动地区间建立横向生态补偿制度。发展环保市场，推行节能量、碳排放权、排污权、水权交易制度，建立吸引社会资本投入生态环境保护的市场化机制，推行环境污染第三方治理。这些都为未来的生态补偿机制进一步健全和发展提供了纲领性的指导。

一、生态补偿的含义

随着工业化的快速发展和人口的急剧增长，不合理的经济活动对生态系统结构和功能的损害，已经开始严重影响人类社会的生存和经济的持续增长，这一状况在我国近 30 年的快速发展中表现尤为突出，生态补偿已经成为 21 世纪生态经济学研究的热点和社会关注的重点。

生态补偿概念的提出最初出于生态环境治理目的。Cuperus 和美国生物学家 Allen 在 1996 年认为，生态补偿是为了提高受损地区的环境质量或创建具有相似生态功能的新区域，而针对经济发展中对生态功能和环境质量所造成损害的一种补助；Pagiola（2002）提出，生态补偿是一种有别于传统命令——控制手段的高效率的市场化环境策略；Wunder（2005）进一步强调，"生态补偿是一种在自愿、协商框架下的影响生态效益提供者土地利用的策略"。[112]

毛显强等（2002）深入探讨了生态补偿的概念和内涵，认为生态补偿是一种使外部成本内部化的环境经济手段，其核心问题包括谁补偿谁、补偿多少、如何补偿的问题。[113]李爱年和彭丽娟（2005）认为，生态效益补偿机制是消除生态环境建设与保护中的负外部性的一种有效手段，生态效益补偿的含义和范围是实现生态效益补偿的基础。[114]沈满洪和杨天（2004）认为，生态保护补偿机制就是通过一定的政策手段实行生态保护外部性的内部化，让生态保护成果的"受益者"支付相应的费用；通过制度设计解决好生态产品这一特殊公共产品消费中的"搭便车"问题，激励公共产品的足额提供；通过制度创新解决好生态投资者的合理回报，激励人们从事生态保护投资并使生态资本增殖。[115]陈晓勤（2010）认为，生态补偿指的是行政主体对公民因涉及生态环境保护的合法行政行为而遭受的特别牺牲给予的填补和回复，性质属于行政补偿。[116]国家环境保护总局环境与经济政策研究中心则认为生态补偿是一种具有经济激励特征的制度，通过调整相关利益者因保护或破坏生态环境活动产生的环境利益及其经济利益分配关系，以内化相关活动产生的外部成本，达到改善、维护和恢复生态系统服务功能的目的。李国平等（2013）将生态补偿界定为正、负外部性内部化，认为生态补偿既包括激励生态保护的正外部性行为结果的内部化，也包括控制生态破坏的负外部性行为结果的内部化。[117]中国生态补偿机制与政策研究课题组将生态补偿定义为以保护生态环境，促进人与自然和谐发展为目的，调节生态保护利益相关者之间利益关系的公共制度。[118]付意成等（2012）认为，生态补偿不仅包括由生态系统服务受益者向服务提供者提供因保护生态环境所造成损失的补偿，还包括由生态环境破坏者向生态环境破坏受害者的赔偿，以及对因环境保护丧失发展机会的区域内居民进行的资金、技术、实物或政策实惠，也包括对造成环境污染者的收费。

二、生态补偿的方式

生态补偿的方式有很多种，从不同的角度有不同的分法。如有学者将补偿方式分为权利取得、权利转移和权利弥补。按损失形式可分为政策补偿、实物补偿、资金补偿、技术补偿、智力补偿、项目补偿、产业补偿。本文赞同将生态补偿的方式分为政府补偿、市场补偿和社会补偿。

（一）政府补偿

生态价值理论决定了生态补偿机制的主体是政府，因为生态环境具有人类社会和经济发展不可忽视的价值，是人类一种不可或缺的生存因素，所以生态环境的使用者应该向其所有者缴纳使用费用，生态环境系统的所有权应该归属于国家和政府。政府，特别是中央政府，是全局利益和后代人利益最适合的代表者，是生态环境的代理主体。因此，为协调区域内和区域外以及不同利益群体的人与自然和谐、实现当代人与后代人的代际公平，政府主导的生态补偿应当成为生态补偿的主体。在现实经济体系中，各地区的初始自然禀赋和外部条件不同，通常发达地区的要素生产率更高，价格也更高，所以在价格机制的作用下，不发达地区的生产要素会不断流向发达地区，从而进一步导致发达地区越来越发达，贫困地区越来越贫困。为解决倒流效应导致的区域非均衡发展，需要政府积极干预。同时，由于经济活动的外部性和生态系统的外部性，出现市场失灵和外溢效应，依靠市场机制无法解决，必须依靠政府的干预。一方面，需要政府通过征收税费解决生态建设的资金来源，支付生态建设的成本和生态效益提供者的机会成本，从而实现外部效应的内部化；另一方面，需要政府制定相关规则，明确利益相关方的责任、义务和权益，降低协商成本和交易成本。

尤其在跨区域的生态利益补偿中，政府可以根据生态环境损益情形进行政府间财政横向转移支付，通过这一形式获取的补偿应用于具有区域双边影响的生态环境维护领域；对伴随区域企业间经济物质的交互进行的生态补偿，更需要政府进行监管，并以资源税、环境税等形式固化到政策之中。

（二）市场补偿

生态系统的部分服务功能流动的空间相对较窄，如涵养水源和净化水质，或者仅仅在区域内循环，例如生态景观，当产权明确后，很容易界定利益相关方，从而生态服务功能的受益者和提供者可以通过市场交易实现外部性的内部化。因此，在生态服务功能流动空间较窄和利益相关方易于界定的情况下，生态补偿可以采取市场交易和自愿协商的方式进行。市场运作生态补偿有两种途径：一种是直接把资源环境作为市场交易对象，另一种则是通过市场交易机制间接地实现生态补偿，后者典型的补偿方式如生态标记补偿模式。

生态系统服务功能的价值：一方面，是生态系统自身的贡献，我们不能将功能价值的全部作为补偿标准，另一方面，生态系统提供者的保护和建设，促进了生态服务功能的保存和提升，这是生产者的贡献。因此，生态效益生产者的保护建设成本和失地的机会成本，应当成为市场交易的最低补偿标准。例如，上游提高水量和改善水质，投入的生态建设成本和失地的机会成本，应当成为下游对上游生态补偿的最低标准。但如果受益者提出更高的生态服务功能及其质量要求，应当支付额外的补偿。

生态补偿市场交易的方式多种，包括水权的一对一交易，生态旅游对旅游者的委托收费交易，江苏、天津、浙江、山西等省市已在全面实施的排污权交易，2005年欧盟实施的碳排放交易配额制度等。基于市场交易的生态补偿，仍然需要政府的支持和规范，仍然需要政府制定相关的规则，一方面，允许开展生态补偿的市场交易，另一方面，制定相关的补偿标准，明确各方的责任，特别是生态补偿费的用途。

（三）社会补偿

社会补偿是基于非政府组织、企业和个人捐赠为基础的生态补偿，它可以弥补政府补偿和市场补偿。从生态补偿的社会资金来源看，最常见、最大众的就是直接捐赠。近年来，中国的各种生态和环保组织也越来越多，在生态保护方面发挥的作用和社会影响越来越大，开展了各种活动。但由于生态补偿需要资金的连续性等原因，社会捐赠对于直接补偿给当地农民和当地政府的生态补偿还较少。

值得一提的是，从国外的经验看，在生态补偿实施之初，均是政府补偿占据主导地位，而市场补偿则是生态补偿发展到一定阶段后才出现的。在我国的生态补偿制度发展到一定阶段后,可能其性质就不单纯是行政补偿了。[116]因此,无论哪种补偿类型,政府都应当成为生态补偿的主体,肩负起制度设计、法规制定、资金筹措、组织实施的职责;市场作为生态补偿的辅助,促进生态服务的交易,提高生态补偿的效益;社会补偿作为政府补偿和市场补偿的必要补充,分担政府和市场失灵的风险。

三、生态补偿的文献综述

国内的生态补偿理论是在对矿区恢复和森林生态效益补偿等实践探索中逐步演化并发展起来的。已有有关生态补偿类型可以划分为三大块:一块是对水源地、自然保护区、耕地等生态功能区的生态补偿问题研究;一块是对江河流域、水库区以及海洋等跨区域的生态补偿问题研究;一块是对森林资源、淡水资源、矿产资源等生态要素的生态补偿问题研究。

毛显强(2002)认为,不同的生态补偿途径和机制有其不同的适用范围。但生态补偿规模越大,所涉及的利益相关方越多,共同行动的协调成本越高,其开发和实施的难度和复杂性就越高;并认为真正起作用的补偿机制应该是因地制宜,通常要发挥多种补偿机制优势。[113]穆琳(2013)认为,我国实施的主体功能区战略规划限制了一些生态区域的发展,导致其与优化和重点开发区域之间存在明显的利益冲突,引发了对生态补偿的潜在需求。但现行政府主导的生态补偿机制,补偿效率较低,应当以市场为主导,通过政府与企业之间的生态产品交易来进行补偿。[119]何辉利等(2013)在对唐山南湖湿地生态环境保护分析的基础上,研究唐山南湖湿地资源利用的外部性问题内化路径,认为应该探索采取市场化补偿途径,构建政府主导型、合理利用型的南湖湿地生态补偿机制,有效理顺生态建设者和受益者间的利益关系,实现湿地的可持续良性发展。[120]沈满洪和陆菁(2004)认为,从补偿对象可划分为对为生态保护做出贡献者给予补偿、对在生态破坏中的受损者进行补偿和对减少生态破坏者给予补偿；从条块角度可划分为"上游与下游之间的补偿"和"部门与部门之间的补偿"；从政府介入程度可分为政府的"强干预"补偿机制和政府的"弱干预"补偿机制；从补偿的效果可分为"输血型"补偿和"造血型"补偿。[121]仲俊涛和米文宝（2013）的研究发现，宁夏限制开发生态区泾源、彭阳、隆德、红寺堡等县区单位面积生态系统服务价值和生态补偿优先级明显高于银川市辖区石嘴山市辖区等重点开发区，后者应对前者进行生态补偿。[122]陈学斌（2012）认为，应该加快建立基于主体功能区规划的生态补偿机制对于主体功能区规划的实施，从而实现我国国土空间的高效利用，促进区域协调发展。饶清华等（2013）根据2010年闽江流域的情况，估算了流域内的跨行政区（县）水污染生态补偿量。[123]李国平等（2013）从正负外部性内部化的两个层面梳理了现有生态补偿标准的测算依据和测算方法，初步讨论了基于理论标准的生态补偿的测算方法。[117]余艳（2013）的研究认为，无论是生态立法、生态付费，还是参与式环保机制的建立，都不是单一主体能够实现的，而必须是政府、企业、个人共同努力的结果，只有多管齐下，才有可能实现生态文明建设、经济建设、政治建设、文化建设、社会建设五位一体的建设目标。[124]付意成（2012）认为，生态服务的特征是决定生态补偿机制是否成为促进生态价值功效长期发挥的关键[125]，并给出影响生态补偿实现机理的相关性分析。刘春腊和刘卫东（2013）的研究发现，中国生态补偿实践格局存在省域差异，在补偿类型上，涉及综合型、森林生态补偿、湿地生态补偿、垃圾处理生态补偿、流域生态补偿等各个方面，且省级差异较大。[126]杨中文等（2013）认为，应该采取以纵向补偿为主、区域间横向补偿为辅的补偿机制。在纵向补偿中，增加生态补偿转移支付项目，一般性转移支付考虑增加生态环境影响因子的比重，横向补偿中建立区际生态补偿转移支付基金，采用横向补偿纵向化的方式实行区际间的水生态补偿。[127]杨晓萌（2013）从我国生态补偿与财政转移支付的角度，认为我国重要生态功能区划与地方政府财力差异度之间存在矛盾；同时研究认为可以尝试构建以生态补偿为导向的横向转移支付制度作为现有纵向转移支付制度的有益补充。[128]

四、生态补偿的理论基础

生态补偿的理论基础是生态价值理论。生态价值具有历史性、二元性和整体性特征，因此其价值测度有别于普通商品。生态环境对人类社会经济的影响具有显性和隐性两个方面，因而生态价值的货币化计量也分为显性（自然资源）和隐性（自然环境）两个方面。显性方面在于直接提供生产要素，这部分通过市场机制可以直接反映市场价值，隐性方面在于通过生态循环而维持人类社会的存在基础，由于没法在市场上交易，因而货币价值缺乏统一计算标准。生态价值理论是在经济体制的框架下提醒人们关注生态的价值，以经济手段将生态保护的目标融入到经济行为中。也正是由于这一方面的发展，使得探讨生态补偿机制的经济实现手段成为可能。生态系统的破坏大多是人类活动、不合理资源利用方式、不合理经济结构和发展方式造成的。应当通过生态补偿来保护、恢复、修复生态系统，促进生态系统的结构和功能恢复、物质循环和能量流动正常稳定，维持其对人类生存发展的支持。比如，流域水资源作为生态资源的一种，完全具备公共资源的特性。流域水资源特有的属性使得流域水资源作为一项整体资源，很难对于各段进行分割，同时上游进行保护的同时，也很难排除"免费搭车者"，这样就要求通过转移支付等手段进行生态补偿。因此，生态环境资源具有价值和稀缺性，向自然的索取与投资要平衡，使得生态资本不断增值，才能实现区域可持续发展。[129]

从公共物品理论角度看，生态系统通过物质循环和能量流动，依靠生物的功能，为人类社会提供了仅仅靠太阳和地球或者人类自身无法生产的物质资源和生态服务功能。习近平总书记在海南考察时强调：保护生态环境就是保护生产力，改善生态环境就是发展生产力；良好生态环境是最公平的公共产品，是最普惠的民生福祉。生态系统可以向系统外释放氧气、水源等营养物质，吸收系统外的二氧化碳、二氧化硫等有害物质。某些生态系统为人类社会提供的产品既不具有排他性，也不具有竞争性，某些生态系统为人类社会提供的产品具有排他性但不具有竞争性。因此，生态系统极为特殊，以纯公共产品特性为主，同时具有俱乐部产品和公共资源的准公共产品特性。[130]一般来讲，生态系统及资源具有的非竞争性让人们只看到眼前利益，过度使用，最终使全体社会成员的利益受损。生态系统及资源具有的非排他性导致整个生态环境资源保护过程中的生态效益与经济效益脱节。政府管制和政府买单是有效解决公共产品的机制之一，但不是唯一的机制。如果通过制度创新让受益者付费、有偿使用，让公共产品的供给者得到合理经济回报，这样，生态保护者同样能够像生产私人物品一样得到有效激励。

从外部性理论角度看，在现实中很少考虑到相关行为者行为的外部效应，所以在存在外部性时生态资源配置与利用很难达到最优状态。外部性又称为溢出效应、外部影响或外差效应，指一个人或一群人的行动和决策使另一个人或一群人受损或受益的情况。经济外部性分为正外部性和负外部性。一方面，拥有或管理生态系统的社会主体，因保护生态系统的物质资源和生态服务功能，丧失经济发展的机会，生态系统的正外部性得不到补偿。另一方面，很多破坏自然环境的行为对自然生态系统造成污染、破坏，甚至导致生态系统的毁灭，却没有付出任何成本，出现经济活动的负外部性。例如，生态环境破坏具有明显的外部不经济性，如湿地资源的过度开发，使湿地的生态功能减损或丧失，不仅引起生态系统的破坏，还影响了周围居民的利益。这种生态环境破坏的后果，理应由获利者或破坏者承担并给损害者以补偿，但实际情况是由整个社会共同承担。外部效应理论在生态保护领域已经得到广泛的应用，如排污收费制度、生态公益林补助等就分别是征税手段和补贴手段的应用。因为生态环境建设具有明显的外部经济性，如流域上游生态环境的保护和建设行为不仅保护了上游的生态环境，更保护了流域下游的生态安全，为下游提供了良好的水源，而这种生态环境改善的效益，流域上游可能无法共同分享。必须通过生态补偿手段来弥补生态产品提供者的损失，否则生态产品提供者将失去激励而减少生态产品的供给。

五、生态补偿的地方实践

实际上，我国在 20 世纪 90 年代初就开始了系统的生态环境补偿制度的实践，以生态环境补偿费作为激励手段保护、恢复生态环境，配合排污费的制约惩罚手段减少环境污染和生态破坏来保护生态环境，资源税费、增值税、营业税、消费税、所得税等优惠减免手段作为补充，针对各补偿相关主体的特点探索合适的补偿途径，我国目前已经构建起比较完整的生态补偿框架。在 20 世纪 80 年代就确定广西、福建等 14 个省（区）共 145 个县市作为试点，积极推行退耕还林（草）工程、天然林资源保护工程和退牧还草工程等经济补助政策。2000 年，进一步扩大了退耕还林（草）工程的建设范围，包括北京、天津、河北等 25 个省（区、市）和新疆生产建设兵团，共 1897 个县（含市、区、旗）。2005 年，《青海省三江源自然保护区生态保护和建设总体规划》审议通过，整个规划工程内容包括生态保护与建设项目、农牧民生产生活基础设施建设项目和生态保护支撑项目三个大类。2005 年浙江省人民政府颁布了《关于进一步完善生态补偿机制的若干意见》，从 2006 年起，浙江省政府每年安排 2 亿元专项补助钱塘江流域源头地区 10 个县（市、区）。2008 年进一步制定了《浙江省生态环保财力转移支付试行办法》，规定了实施转移支付的标准和管理措施。江苏省从 2008 年 1 月 1 日起施行《江苏省环境资源区域补偿办法（试行）》，在太湖流域开展试点。陕西省自 2010 年 1 月 1 日起施行的《渭河流域生态环境保护办法》，建立了渭河流域水污染补偿制度，规定当月断面水质指标值超过控制指标的，由上游设区的市给予下游设区的市相应的水污染补偿资金。在跨区域生态补偿方面，2011 年，财政部决定在新安江流域实施中央财政生态补偿转移支付政策，按照"谁污染谁治理，谁受益谁补偿"的原则，在新安江流域全面建立起生态补偿机制，并由中央财政和安徽、浙江两省共同设立新安江流域水环境补偿基金。此举将为全国大江大河流域推行生态补偿机制提供借鉴。

西方一些国家较早就开始了生态补偿制度的探索，如早在 20 世纪 20 年代爱尔兰就采取分期的方式对私有林进行补助；巴西引进"生态增值税"的概念对自然保护区进行生态补偿。生态增值税作为一种财政补偿机制，遵循"谁保护谁受益"的原则，巴西政府规定将销售税的一定比例重新返还给这些建立保护区和实行可持续发展政策的州政府，各地获得的生态增值税数量由各州所得销售税的百分比、保护区面积占本地总面积的百分比、保护水平和质量因素等决定；每个州可以自己制定分配标准。荷兰政府在高速公路等大型基础设施建设中列入生态补偿计划，如对生态环境和动物栖息地的影响和相应的补偿措施。瑞士则按照生态贡献的一定比例收取生态补偿，如休闲地的增加和草地非集约化利用所带来的生态效益等均得到补偿。美国实施了保护性退耕的政策，对原先种地的农民为开展生态保护、放弃耕作的机会所承担的机会成本进行补偿，按照市场机制和遵循农户自愿的原则由政府提供补偿资金。英国、法国还采用国有林收入不上缴和政府拨款或优惠贷款措施，用于发展林业，增强其自然生态屏障和调节功能。

六、生态价值估计的主要方法

（一）直接市场法

直接市场法主要有费用支出法、市场价值法、机会成本法、影子工程法、人力资本法等。费用支出法是指以人们对某种环境效益的支出费用来表示该效益的经济价值的方法。市场价值法是一种对有市场价格的生态系统产品和生态服务功能进行价值估算的一种方法。机会成本法是指在无市场价格的情况下，资源使用的成本可以用所牺牲的替代用途的收入来估算。影子工程法指假设当环境破坏后，以人工建造一个新工程来替代原来生态系统的功能或原来被破坏的生态功能的费用，然后用建造新工程所需的费用来估算环境破坏（或污染）造成的损失的一种方法。人力资本法亦称工资损失法，是指用收入的损失去估价由于污染引起的过早死亡的成本。该方法主要用于可直接或间接市场量化的生态系统服务功能或产品价值估算。

（二）替代市场法

常用的方法一般为旅行费用法和享乐价格法。其中旅行费用法应用于游憩价值的估算，是旅游区、公园和景点生态价值估算的一种较成熟的方法，其基于以下假设：观察游客的数量和消费情况，推出旅游需求曲线，从而可以计算出消费者剩余作为生态资产的价值。享乐价格法利用游憩的费用资料求出消费者剩余，并以此估算生态资产价值，主要应用于景点生态价值、房地产开发周围生态环境价值的估算。

（三）条件价值法

条件价值法在详细介绍研究对象概况（包括现状、存在的问题、提供的服务与商品等）的基础上，假想形成一个市场（成立一项计划或基金），用以恢复或提高该公共商品或服务的功能，或者允许目前环境恶化与生态破坏的趋势继续存在，通过调查研究对象附近居民的支付意愿或接受意愿从而进行价值评估。支付意愿是指调查改善生态系统的质/量居民所愿意支付的生态系统服务的价格，接受意愿是居民愿意接受由于生态环境质量下降的价格。条件价值法适应于生态系统的服务价值与功能无法在市场及替代市场中实现的一种评估生态系统服务功能价值的方法。

（四）选择试验模型法

CM 在很多方面和不连续的条件价值法方法相似。它们具有相同的理论基础，都是提供给访问者一个不同政策选择的描述，寻找单个偏好选择。和条件价值法不同，离散条件价值法通过要求回答者在现状和其他一个选择之间做一个选择，CM 方法包含了重复的测量方法。回答者通常要回答 6～10 个选择集，每个选择集包括 1 个现状和 2～3 个不同属性状态组成的替代方案。在调查中，要求被调查者从中选择一个他们最偏好的选择集，不同的选择代表了不同属性偏好。与条件价值评估方法相比，CM 模型的优势在于能够获得更多的信息量，不局限于仅仅询问单一的事件的细节，可以估计被调查者对各种替代场景的支付意愿，能更充分的揭示被调查者的偏好信息。同时，通过对被调查者选择的分析可以得到环境属性的部分价值和属性的边际替代率，这些信息有利于决策者设计出更符合实际情况的环境政策。选择模型法通过构造被调查者选择的随机效用函数模型，将选择问题转化为效用比较问题，利用效用最大化来达到估计模型整体参数的目的。CM 模型的缺点在于被调查者面对的感知负担要高于 CVM 方法的被调查者，可能导致被调查者采用最简单的策略（如直接推断），导致估计结果存在较大的偏差。

七、我国生态补偿存在的问题

目前，生态补偿的理论研究和实践活动越来越多，且逐渐进入了国家考虑层面和具体实践层面，但生态补偿还存在以下问题：

（一）生态补偿资金不足

我国现行的财政体制是分灶吃饭，以中央对地方的纵向转移支付为主，补偿方式比较单一，区域之间、流域上下游之间、不同社会群体之间的横向转移支付微乎其微，不利于调动各区域进行生态保护的积极性。由于补偿资金的筹措和运作缺乏相应体制和政策支持，同时，因为生态环境的公共产品属性和外部性的存在，很难吸引社会资本对其进行投资。目前我国生态补偿资金主要来自各级政府的财政资金，生态补偿实质上就是各地区政府之间部分财政收入的重新再分配过程，资金较紧缺。比如对生态环境脆弱的很多中西部地区来说，光是经济建设就已经显得力不从心，更谈不上生态环境保护工作。

（二）生态补偿制度不完善

首先，产权制度不健全。我国现行的《退耕还林条例》规定，生态林木不可以砍伐，这就导致农户林木、林副产品的经营管理权、使用权、处置权和收益权名存实亡，尤其是处置权和收益权在经济上得不到任何体现。

其次，虽然涉及生态补偿这一概念的法律制度已经存在，但是关于生态补偿的规定主要散见于有关环境保护和自然资源的法律、规章中，这些规定比较零散、不全面以及使用性不强。目前我国还没有颁布一部统一的关于生态补偿的法律法规。

再次，有关法律法规不完善。我国生态补偿的法律法规如《中华人民共和国森林法》《中华人民共和国水土保持法》《中华人民共和国矿产资源法》等基本上都是只考虑了解决资源经济补偿问题，而没有考虑自然资源固有的生态环境价值。[131]

最后，缺乏有效的监管与效益评估机制。当前，我国生态补偿政策的监管、评估机制为：本部门监督本部门，上级监督下级。这种机制很容易导致预算虚夸、腐败、寻租、组织成本很高等弊端，同时，因为没有第三方参加的监督活动，导致信息封闭、不透明等，不仅在宏观上制约着我国主体功能区生态补偿机制的建立，而且也无法满足主体功能区生态补偿在实践中的实际需求。

（三）生态补偿手段不合理

首先，补偿手段单一。国际上采用较多的生态补偿途径和手段，有生态补偿费和生态补偿税、财政补贴制度、生态补偿保证金制度、优惠信贷、市场交易体系、国内外基金等，而我国的生态补偿途径和手段还主要集中于生态补偿的税和费、财政补贴和优惠信贷等，其他的途径和手段相对来说比较缺乏。

其次，补偿标准不合理。生态补偿标准应该因地制宜，综合考虑生态环境的破坏程度、生态环境所提供的服务价值、当地的经济发展状况等因素。但是，目前我国的生态补偿项目多采用"一刀切"的生态补偿标准，忽略了各个地区间在具体自然环境和经济条件方面的差异，导致出现在一些地区补偿过多，而在另一些地区补贴过少。补偿标准如何确定没有明确的计量方法，政府在对补偿标准的确定上主观随意性比较大，没有按照科学合理的方法进行计算确定，在补偿过程中，补偿标准明显偏低现象突出。

（四）管理体制不健全

虽然中国已经建立了基本的生态补偿体制，在"退耕还林""天然林保护工程""退耕还草"、河流跨区域、水源地生态保护和湿地保护等方面通过中央财政纵向转移支付方式开展了生态补偿。但横向管理体制不健全，尤其是缺少跨省、跨地市、跨流域、跨部门的协调体制，无法解决跨省跨地市之间，上下游和行业之间的生态环境补偿问题。目前，多采取搭车收费的方式，收费和使用主要以部门或行业为界，部门间各自为政，条块分割，存在多头管理，不能形成合力，如水利部门收取水资源费、环保部门收取排污费、国土资源部门收取资源费等。而且，前期的信息采集工作较少，费用价格往往是政府主观根据掌握的信息制定，在一定程度上影响了相关单位保护生态环境的积极性。[132]

（五）现有补偿机制限制个人发展权

现有的补偿机制主要强调的是进行财政转移支付，这些转移支付主要是用于这些区域的公共服务上，而忽略了这些地区居民个人发展权问题。政府虽然对其进行财政补贴或生态补偿，但是这种补偿机制容易产生一系列效率低下和成本高企的问题。同时，虽然国家鼓励区域人口向优化开发和重点开发区域转移（国家倡导的是主动性的人口转移），但规模有限，不可能整个区域的人都选择转移出去，留下的人也拥有自身发展的权力。生态保护造成的生态保护区域的功能定位以及产业政策是限制了产业的发展，从而限制了现有居民的发展，对这些个体来说他们为了给其他地区提供适宜的生态系统而付出的机会成本远远大于他们目前的收益，即变相剥夺这些人的个人发展权，现有的生态补偿机制显然忽略了这个问题，不能有效解决改善民生与环境保护的矛盾。

八、健全生态补偿的对策建议

（一）完善法律法规

通过完善法律法规，建立生态补偿的长效机制。目前，我国关于生态补偿的法律只是散见于一些环境资源保护单行法中，没有统一的规定，《中华人民共和国环境保护法》作为我国环境保护领域的基本法偏重于对污染的防治。为了有效推进生态补偿，有必要加强整合相关生态补偿方面的各种法律文件，可以制定《生态补偿基本法》，明确对各利益相关者权利义务的责任界定及对补偿内容、方式和标准的规定等。可以借鉴国外成功的制度，系统梳理我国有关法律法规，重新修订有关法律法规，突出生态环境利益和生态公共价值，将生态补偿的范围、对象、方式、标准等确定下来，明确国家、地方、资源开发利用者和生态环境保护者的权利和责任。

（二）拓宽生态补偿的融资渠道

生态环境的公共物品属性，注定了我国短期内难以确定合适的生态补偿的实施主体，政府在推动生态补偿发展的初始阶段需要承担主导作用，生态环境的经济补偿手段主要依靠财政力量。资金筹措渠道不足是目前实施生态补偿的瓶颈，有必要在现行生态环境保护税收政策的基础上，深化资源性产品价格和税费改革，适当提高各种自然资源的税费率，增加资源税费可用于生态补偿的比例。实行生态系统服务价值付费模式。我们可以参照国外的这种付费"绿税"征收方式征收生态税。常见的比如有对二氧化硫排放征收的二氧化硫税、碳税、废水和水污染税、固定废物税。另外，针对生态补偿地区制定一系列的优先优惠政策，通过政府引导，吸引市场资金进入生态补偿领域，同时推动和支持绿色环保产业的发展。比如，可以按照流域面积大小、流域水质好坏进行分配，通过补偿金、赠款、减免税收、退税、信用担保的贷款、补贴、财政转移支付、贴息等资金补偿方式直接或间接向受补偿者提供财政方面的补偿，使受补偿者在政策授权范围内促进发展并筹集资金。[133]

（三）大力推动生态补偿的市场化进程

我国目前的生态补偿政策中，政府是主力军，而市场化程度不高。十八大三中全会提出要发挥市场在资源配置中的决定性作用。市场补偿也是筹集补偿资金的发展趋势。在社会主义的市场经济体制下，应更多地考虑引入市场竞争机制来促进生态补偿政策的实施。比如，引入竞争机制确立各地森林生态效益补偿标准、退耕还林补偿标准的制定。转变仅仅依靠政府财政转移支付以及政府直接补偿资金支付的单一补偿模式，在逐渐加大财政投入的基础上，积极引导社会各方参与，建立多元化的补偿资金筹措渠道，实现政府主导与市场机制相结合的生态补偿模式。[123]

在全球经济一体化的今天，我国应当考虑参与全球生态效益交易市场，拓展外部效益内部化的市场渠道，在财政补偿机制的基础上，逐步建立生态效益的市场补偿机制。目前国际上流行市场化生态效益补偿方式。市场补偿要求生态资源有明确的产权、生态效益可准确计量和较低的交易成本。如 1997 年 11 月的京都议定书通过建立清洁发展机制促进了碳交易的发展。类似的还有生物多样性交易。由于历史和社会的原因，我国部分生态资源产权主体不明确，交易主体难以确定。另外，生态效益的量化也是一件很困难的事。因此，通过市场机制实现生态资源的资金补偿尚处于探索阶段。但是，全球生态系统是开放式的，任何区域性的生态系统的破坏除了对当地的环境社会产生不利的影响之外，还会给其他国家的生态系统带来影响。这也为构建全球生态效益（服务）的市场，为生态性系统的保护资金投放、补偿循环提供了一个不受区域限制的市场途径。

（四）制定科学的生态补偿标准

科学的生态补偿标准可以从某一生态系统所提供的生态服务和生态系统类型转换的机会成本两个方面来进行制定。前者相对来说较公平，而后者的可操作性较强。因此，建议政府加强对生态系统所提供的生态服务的研究，逐步向根据生态服务来制定生态补偿标准过渡。建立优化补偿考核机制。例如，对流域生态的补偿，补偿的标准可以通过汇总水文资料、开展水质监测与水生生物监测的资料基础上进行水文评估、水质评估、水生生物评估等综合评估，筛选出生态基流、敏感环境需水量、水质达标率、污染物入河控制量、鱼类多样性指数、珍稀物种生存状况、饮用水源地安全达标建设状况和水资源开发利用率等指标，确立不同类型水功能区考核的关键指标和体系进行评定。[134]同时，我国目前并没有完善的微观的补偿制度，在退耕还林、流域生态等补偿中，对被补偿者大多数采取统一金额的补偿方式。但被补偿者之间是有差距的，被补偿者为了进行生态补偿做出的牺牲也是不同。比如，在流域生态补偿中，在流域上游的同一地区有些农户已经用流域内的土地进行农业生产，而有些农户的土地则是荒废的。有些农户是从事农作物的耕种，有些农户则是从事经济林的种植。这样对于流域内退耕还林项目，农户所放弃的机会成本当然不同。因此，微观的补偿制度有待完善。应当将补偿款切实放到微观层面，落实到每个主体中的每一个个体，对不同个体设置不同的补偿标准，通过自行申报的方式，让个体的偏好得到显现，最后再将补偿款的合理金额补充给农户。

（五）进一步完善生态补偿制度

首先应明晰产权。要严格界定所有权、经营权和开发使用权，而且要保证产权必须是可以转让的，确保收益权的实现。在完善法律的基础上，应建立有效的社会化监督、评估机制。可以引入独立的、与项目建设的执行者和维护者没有行政隶属关系的第三方监督和评价机构，保证监管和评估的公平性和有效性。[131]同时，建立和健全具有权威性国家自然资源产权管理机构，根据自然资源产权多样化特征，应分门别类建立起多样的所有权体系，充分利用产权制度规范自然资源产权市场的建立和运行。加大对生态补偿资金使用的监督管理，对各种专项补助资金的使用绩效进行严格考核，建立生态补偿资金使用绩效考核评估制度。

第八章　新型城镇化下生态环境
建设融资问题研究

　　2012 年，中国的城镇化率已经达到 52.57%。新型城镇化是中国未来发展的核心战略，是新经济时期推动经济社会发展的主导力量，其重要性不容置疑。新型城镇化既是中国经济发展的方向和动力，也是改革和调整的重点和关键。据《中国投资发展报告（2013）》的预测，到 2030 年，中国城镇化水平将达到 60%～70%，城镇人口将超过 10 亿，也就是说，在接下来的 20 年中，每年中国城镇人口增加约 1770 万人。随着新型城镇化建设的推进，基础设施建设、生态环境保护、农村转移劳动力城镇化等都需要巨量的资金投入，仅靠地方政府财政支持难以满足如此巨大的资金需求，形成了地方政府巨量的融资需求。地方政府是城镇化的主体，是推进城镇化的首要责任主体，[135] 由于由社会各方资金共同参与城镇化基础设施建设的投资主体多元化格局尚未形成，[136] 地方政府的投资主体地位仍然没有根本改观。大量区域性的基础设施建设公用事业发展和公共服务提供需依赖地方政府之手。在我国政府间事权关系交错重叠而不断隐性下移，政府财权与财力却不断上移的体制背景下，地方政府的投融资压力巨大。[137] 近几年，中国地方政府内生出一套特殊的融资供给制度，即以土地财政、地方政府融资平台为主体的融资机制，融资制度创新带来的密集资金投资驱动了中国城镇化的跨越式发展。

　　然而，随着地方政府对"土地财政"的依赖加深，地方政府的债务风险也在不断积聚，现有融资机制的弊端不断凸显。"土地财政"的不稳定性和不可持续性引发的债务违约风险引起广泛关注和深度讨论，地方政府通过"土地财政"、融资平台获取城镇化建设资金的方式也备受批评和政策限制。为了防止可能出现的财政风险，国家对地方政府的融资平台公司加强了管理，出台了一系列控制地方政府过度融资的政策。例如，2011 年，国务院颁发了《国务院关于加强地方政府融资平台公司管理有关问题的通知》，对地方政府融资平台的融资行为提出了诸多规范化改进措施；2012 年年底，国家有关部委连续发布了《关于加强土地储备与融资管理的通知》（国土资发〔2012〕162 号）和《关于制止地方政府违法违规融资行为的通知》（财预〔2012〕463 号），进一步明确了有关政策和具体要求。审计署于 2013 年 8 月 1 日起开始全面审计地方政府债务，对中央、省、市、县、乡五级政府性债务进行彻底摸底和测评，进一步引起人们对地方债务风险的关注并改变了金融市场的预期。有学者判断，未来地方政府融资平台公司贷款、城投债或将不再是推动新型城镇化的主要融资渠道。[138]

虽然地方政府通过融资平台公司、隐形负债等融资方式产生的债务所引发的财政风险已经到了不容忽视的地步，但更应看到，中国地方政府债务问题的制度性和阶段性特性，中国将长期处于工业化、城市化的加速建设阶段，地方政府在公共服务领域内不断增长的合理融资需求必将是长期趋势。有效甄别、重新构建地方政府的融资机制，有效运用银行信贷、债券、信托投资基金和多方委托银行贷款等多渠道的商业融资手段，筹集资金，维持其可持续，是有效推动新型城镇化、改善生态环境的内在要求和必然选择。

一、新型城镇化下地方政府融资需求巨大

中国过往的城镇化建设遗留了大量历史欠账，但传统的城镇化并未明显改变城乡二元经济结构，反而累积形成了双重的二元经济结构，必须转向以人口城镇化、城乡一体化为核心内容的新型城镇

化发展模式。这必然要加大对基础设施建设、公共产品（服务）供给、保障性住房建设、生态环境保护等方面的建设，并带来大量建设资金需求。

不同口径、不同角度测算出的中国新型城镇化建设所需资金存在差异，但都是巨量的。按照世界经济论坛《2012 年全球竞争力报告》的评估，我国基础设施的人均水平全球排名为 69 位，远远低于 OECD 国家平均水平，逐年累积形成了巨额的投资欠账。根据麦肯锡预测，2010—2015 年，我国城市化直接带动的固定资产投资累计将达到 74 万亿元人民币，占同期我国全社会固定资产投资的 45%，相当于 2003—2008 年全社会固定资产投资总额的两倍。中国社会科学院发布的《中国城市发展报告（2012）》指出，如果未来城镇化以每年 0.8 ~ 1.0 个百分点的速度推进，到 2020 年前后中国将有 4 亿~5 亿农民需要在就业、住房、社会保障、生活等方面全面实现市民化，以人均 10 万元的成本进行推算，至少需要 40 万亿~ 50 万亿元的巨额资金。许余洁（2013）的研究认为，城镇化融资压力巨大，按照到 2020 年实现 60% 城镇化的目标和目前近 2 亿"半城镇化"人口市民化测算，预计新增投资将超过 50 万亿元。[139]《"十二五"时期我国地方政府性债务压力测试研究》的模型预测认为，"十二五"时期，我国地方政府公共投资总规模保守估计 29.3 万亿元，乐观估计在 33.9 万亿元。[140]考虑到"十二五"时期我国仍将处于快速城市化时期，假设城市化率每年仍以 1.2 个百分点的速度提高，那么可以初步估算"十二五"时期城市化将带动城镇固定资产投资高达 40 万亿~ 50 万亿元。

如此巨额的新型城镇化建设投资如果仅靠地方政府财力解决犹如杯水车薪。然而，从近几年我国主要的公共品供给资金来源结构来看（见表 8-1），中央政府预算资金占全部公共品投资比重仅为 5.86%，地方政府是公共品的主要供给者（94.14%）。相关资料统计也显示，近些年来地方承担的事务由 40% 上升到 75% 左右。[141]

表8-1 2012年中央和地方财政主要公共品支出比重

项目	总额	中央政府支出额（比重）	地方政府支出额（比重）
一般公共服务支出	12700.46	998.32（7.86）	11702.14（92.14）
教育	21242.10	1101.46（5.19）	20140.64（94.81）
公共安全	7111.60	1183.47（16.64）	5928.13（83.36）
文化体育与传媒	2268.35	193.56（8.53）	2074.79（91.47）
社会保障与就业	12585.52	585.67（4.65）	11999.85（95.35）
医疗卫生	7245.11	74.29（1.03）	7170.82（98.97）
节能环保	2963.46	63.65（2.15）	2899.81（97.85）
城乡社区事务	9079.12	18.19（0.20）	9060.93（99.80）
农林水事务	11973.88	502.49（4.20）	11471.39（95.80）
交通运输	8196.16	863.59（10.54）	7332.57（89.46）
合计	95365.76	5584.69（5.86）	89781.07（94.14）

数据来源：《中国统计年鉴》（2013）。

资料显示，自1994年实施分税制以来，地方政府的财政收入占整个财政收入的比重逐年下降，从1993年的78%下降到2012年的52.11%，收入稳定、税源集中、增收潜力较大的税收都归中央政府所有。

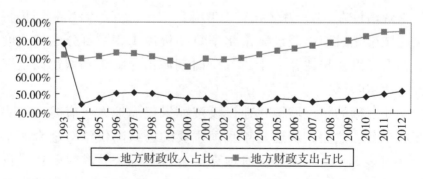

图8-1 地方财政收入与支出占总财政收入比例（1993—2012）

数据来源：《中国统计年鉴》（2013）。

在中央财政难以依靠，自身财力有限的情况，为了发展经济、推进新型城镇化建设，地方政府必须依赖于外部融资来筹集新型城镇化所需的天量资金，在《中华人民共和国预算法》明确规定地方政府不能举债的情况下，中国地方政府创新出一套特殊的融资供给制度，即以土地财政、地方政府融资平台为主体的融资筹集机制。累积形成了大量的地方政府债务。根据审计署 2013 年 12 月 30 日公布第 32 号公告"全国政府性债务审计结果"，截至 2013 年 6 月底，全国各级政府负有偿还责任的债务为 206988. 65 亿元，负有担保责任的债务 29256. 49 亿元，可能承担一定救助责任的债务为 66504. 56 亿元。其中，地方政府负有偿还责任的债务达 108859. 17 亿元，负有担保责任的债务为 26655. 77 亿元，可能承担一定救助责任的债务为 43393. 72 亿元。从政府层级看，省级、市级、县级、乡镇政府负有偿还责任的债务分别为 17780. 84 亿元、48434. 61 亿元、39573. 60 亿元和 3070. 12 亿元，市县级政府是地方政府债务的承担主体。

二、生态环境投融资体制存在的问题

生态环境建设具有长期性特点，短期财政资金难以适应长期建设的需要。因此，必须实施新的要素配置方式，拓展生态环境投融资渠道，建立适合生态环境建设的长期投融资机制。这种机制应当是长期的、稳定的、有效率的资源利用方式，是适应我国全面、协调、可持续发展观的要求的，并且将使我国耗资巨大的生态建设获得资金保障。

目前，在我国生态环境投融资体系中存在以下三个方面的问题：

一是政府财政性投资的有效性不足。我国生态环境建设资金来源主要依靠政府投资，但是目前政府投入相对不够，引导力不强，有效性不足。2002 年中国城市生活污水排放量 232. 2 亿吨，占全国污水排放总量的 52. 9%。城市生活垃圾产生量近年来以 5% ~ 8% 的速度增加，2002 年全国城市生活垃圾产生量达到 1. 36 亿吨。据预测，2020 年，全国城市生活污水和垃圾产生量将比 2000 年分别增长约 1. 3 倍和 2 倍。而城市生活污水和垃圾处理设施建设却严重不足。到 2001 年年底，全国城市生活污水处理率仅为 36. 4%，其中二级处理率只有 18%；全国生活垃圾处理率 58.2%，无害化处理率仅 10% 左右。要实现这些目标，全国城市污水处理设施建设需要上千亿元资金，垃圾处理设施建设需投入 450 亿元。近年来虽然引入了银行贷款和外资，初步打破了财政投资的单一渠道，但在投资主体、决策方式、运行机制、经营管理、资本运作等方面还遗留着计划经济的烙印。同时，生态环境建设可持续发展所需投资越来越多，政府财政投入严重不足，投入方式单一，无法发挥杠杆作用，与建设资金需求不相适应。尽管中国的环保投入在不断明显增加，但一直没达到环境治理和规划的要求，资金缺乏直接限制了环保项目的发展。据世界银行资料显示，发展中国家需要拿出占 GDP 2%～3% 的资金用于环境保护，才能使环境状况有所改善，而我国当前距离这个水平还有一段距离。此外，加上历史欠账等遗留问题，资金缺口就更大了。

二是融资渠道狭窄，方式单一。从融资渠道来看，存在以下问题，一是政府计划下的手段和渠道如公共预算、环境收费、国债等发挥着主导作用，但投入力度不够；中国 70% 以上的环境保护投资是政府和公共部门投入的，而在美国和英国等市场经济国家，60% 的污染治理资金是来自私人部门。中国城市环境基础设施建设投资主要来源于城市建设维护税、地方财政拨款和国债资金，尽管近年来通过这些融资渠道筹集的资金增幅很大，但仍很难满足中国城市环境基础设施建设投资的巨大需求。二是政府和污染者以外的其他投资主体和向社会筹集资金的商业融资手段的作用严重不足或缺位；直接融资比重过低，外资利用形式单一，规模不大；民间资本市场发展不够。我国生态环境建设中民间资本没有得到充分的利用，投融资规模较小，在市场准入问题上仍然面临着诸多障碍，信息不对称问题十分严重，国家的资金投入并没有激活和吸引更多的社会资金的投入。三是城镇居民的生活污水和垃圾收费制度还处于起步阶段，没有发挥应有的作用。

三是项目缺乏投融资约束机制。中国环保投资效率不高主要表现在城市污水与垃圾处理设施和工业污染治理设施的建设和运营管理的效率不高，特别是设施不能正常运行或未达到设计的预期效率和效果，这一现象较为普遍。生态环境建设许多承建项目处于封闭式运作，缺乏公开、公平、公正的市场竞争环境，加上项目运作过程中监督机制、约束机制不够完善，导致无人承担投资主体的全部责任。在城市环境基础设施领域，长期以来，中国采用的是政府投资建设、事业单位管理运营设施的模式，这种政府垄断模式从制度上排挤竞争，缺乏效率，导致项目从筹资、建设、经营、偿债到资本回收等各个环节都出现问题。

三、地方政府债务可持续性分析

虽然中国地方政府的债务问题引起了广泛关注，地方政府债务偿还风险在局部有所表现，但地方政府的债务问题多表现为财务困境而非债务危机，其可持续性应该没有问题。原因在于：

首先，中国地方政府负债形成了大量优质资产。中国地方政府负债以生产性负债为主，消费性负债很少，累积了大量优质资产。地方政府的融资大都投向基础设施建设，部分形成了具有现金流的优质资产，部分商业性项目，如收费公路、可以产生现金流的污水处理厂等，有充分的现金流，偿债是没有问题的。部分如学校、医院、供水等准商业性项目，也具备部分现金流，应不至于落入不能偿还债务的境地。虽然中国债务占 GDP 的比重在上升，但是政府部门的资产也在上升。正如 1998 年，中央政府大规模投资后，虽然形成了部分债务，但留下了大量优质资产，如高速公路。

其次，地方政府拥有大量可以变现的资产，如土地、自然资源、国有企业等。这些资产也会产生收益，如果算上这些资产和收益，地方政府真实的负债能力远大于仅把财政收入作为财力计算出来的结果。随着城镇化进程的加快，部分资产价值将大幅增值，将这一部分的资产加以很好地利用，将极大地缓解短期偿债压力。根据东方证券对地方债问题的研究数据，2012 年，地方政府资产规模为31.7 万亿元，其中，地方政府拥有的非金融国有资产13.3 万亿元、非经营性资产11.4 万亿元、土地储备6 万亿元、地方财政存款1 万亿元。单纯从地方政府的资产负债率来看，31.7万亿元的资产对比20万亿元的债务规模也是相对安全的。而中央政府的情况更为乐观，2012年，中央政府资产规模为27.2万亿元，2008年以来，资产扩张速度高于负债膨胀速度年均4~5个百分点，2012年净资产达到16.1万亿元。

再次，中国的实际利率为负。中国长期的实际负利率构成了存款人对借款人的补贴，融资平台的部分债务负担通过负利率在流转过程中被逐渐消化了。不仅如此，在低利率、高资产价格背景下，可以通过重新评估、重新抵押资产获得更多的信贷资金，维持财政的可持续性。

最后，中央政府可能的救助机制。在中国现行的财政体制下，在财政运行责任上中央政府对地方政府具有无限的连带性，中央政府其实承担了最后还贷人的角色。因此，如果地方政府的债务积累到一定程度并可能引发金融风险，同时地方政府又无力化解时，上级政府和中央政府必然会出面救助，防范局部性的地方政府债务风险可能带来的宏观经济冲击；而且目前中央政府有足够的现金和资产防止地方政府债务违约并消化债务违约可能带来的损失。黄国桥和徐永胜（2011）已经证明，如果地方政府财力不足，难以按时还款，上级政府必然会从大局出发，通过加大转移支付或采取豁免地方政府部分债务等方式，为下级政府的债务风险埋单。如2011年的云南省公路开发投资有限公司信用违约事件，最终以云南省政府出面承诺，增加云南路投3亿元资本金，并由省财政借款20亿元用于资金周转而告终。

而且，中国地方政府债务大都投向基础设施建设，会带动地方经济的发展，培育税源，增加财政收入，增强地方政府的还贷能力。在总体债务水平不高，经济保持较快增长的情况下，中国地方政府总体的偿债能力应该不成问题。

四、地方政府融资机制存在的问题

在总体债务水平不高，经济保持较快增长的情况下，中国地方政府总体的偿债能力没太大问题，有问题的是现有融资机制的各种内在缺陷，表现在：

1. 资金需求和资金供给的区域不匹配

现有的融资机制严重依赖于土地，土地出让收入存在明显的区域差异，不同类型城市土地市场上的分化加剧。一、二线城市经济发达、人口众多，住房需求比较旺盛，刚需群体庞大，土地需求旺盛，大部分三、四线城市由于经济水平较低、城市基础设施建设相对落后、人口外流，且由于近年来土地供应量过大，市场还在消化过程中，使得这类城市土地潜在的供应过剩风险进一步加大，土地出让难度进一步增加。从2013年上半年的土地市场来看，无论是总价地王还是单价地王，大多出现在北京、上海、广州等一线城市，二、三线城市土地市场则略显平淡；而二、三线城市一方面财政收入有限，城镇化建设紧迫性更强。

2. 现有的融资机制容易受到市场波动的影响

土地出让的收入机制容易受到市场波动的影响，与新型城镇化建设资金刚性支出相比不匹配。近几年，市场流动性资金充裕和城镇化快速进程带来的大规模人口流动，为土地市场带来了旺盛的需求。一旦这种旺盛的需求下降，将导致土地市场的低迷，带来土地出让金的下降。例如，2012年，中国土地出让收入为28422亿元，环比减少4744亿元（见表8－2），并形成地价下跌的预期，银行对于融资平台储备土地的估值将相应迅速降低，那么，融资平台通过土地抵押融资模式获得的贷款数额也将大幅减少。

表8－2　土地出让金和地方财政收入

年份	土地出让总收入（亿元）	地方政府一般预算收入（亿元）	地方全部财政收入（亿元）	土地出让收入占地方全部财政收入比重（％）
2005	5800	14389	20189	28.73
2006	7677	18129	25806	29.75
2007	13000	22709	35709	36.41

续表

年份	土地出让 总收入 （亿元）	地方政府 一般预算 收入（亿元）	地方全部 财政收入 （亿元）	土地出让收入 占地方全部财 政收入比重（%）
2008	9600	27703	37303	25.74
2009	14239	28644	51590	27.60
2010	29110	40613	72959	39.90
2011	33166	52547.11	92468.32	35.87
2012	28422	61077.33	106460.8	26.70

数据来源：国家统计局、财政部网站。

3. 建设项目属性与资金来源属性不契合

新型城镇化建设中包括很多公益性项目，根据审计署 2013 年 6 月的"36 个地方政府本级政府性债务审计结果"公报，从中国地方政府债务资金投向看，用于交通运输、市政建设、土地收储、教科文卫、农林水利建设、生态建设和环境保护、保障性住房等支出占已支出债务额 36434.47 亿元的 92.14%。这其中很多项目的利润不产生现金流或者现金流不足以覆盖商业性债务还款需求，最终还款来源严重依赖于地方财政，增大了地方政府偿债压力。

4. 建设项目的周期与融资资金的周期不匹配

新型城镇化建设中很多项目的建设周期长，而现有融资机制提供的资金来源期限一般较短，除了城投债、国家开发银行贷款期限较长外，大部分贷款偿债期限集中在 5 年以内。信托资金的期限多为 2 年，银行贷款的期限也基本在 2～5 年，而很多城市建设项目如污水处理厂、公路的投资回收周期在 5～10 年，债务的期限结构与项目的投资回收周期不匹配，增大了地方政府偿债压力。

5. 地方政府部分建设项目的公益性与金融部门逐利性之间的矛盾

在新型城镇化建设过程中，大量基础设施建设、公共物品的提供带有很强的公益性色彩，其盈利不足以支付相应的资金成本。但从金融市场单个主体的属性来看，它是以盈利为目的的。城镇化过程中的"公益性"与金融部门的"逐利性"之间的矛盾构成了金融支持城镇化发展的基本矛盾。目前我国涉及城镇基础设施建设的政策性银行只有国家开发银行，涉及农村基础设施建设的政策性银行主要是中国农村发展银行，对城镇化庞大的资金需求，政策性银行提供的资金只是杯水车薪。在现有的融资机制下，地方政府只有通过借贷逐利性的资金来从事公益性的建设项目也是不得已而为之。

6. 地方政府融资的不透明性与债务风险防控之间的矛盾

信息公开、提高财政透明度，对加强债务管理、控制财政风险具有重大意义。银行贷款、城投债等融资政府性债务一般都纳入政府管理和监管范围。而通过信托、融资租赁、BT、担保等形式形成的政府性债务，在债务管理和核算上不透明、不规范、不统一。同时，地方政府往往通过多个融资平台公司进行融资，同一个融资平台公司多次包装多次融资。甚至地方政府自身可能也不清楚政府性债务规模及担保情况。很多地方政府债务从账面上被隐匿了，给债务的风险防控管理带来困难。同时，在实际操作中，作为融资主体的平台公司大多不是资金使用主体和收益主体，对项目建设和资金使用都不实施管理。作为资金使用人的建设单位，其借、还都与其无关，由平台公司承担。商业银行很难对贷款资金实际使用情况进行监控。一旦出现债务风险，责任很难追究。

7. 地方债发行规模小

地方自行发债尽管能在一定程度上缓解地方财政并不宽松的局面，但小规模的自行发债并不能从根本上解决地方政府负债的问题。自 2009 年起，财政部开始代发地方政府债，2009 年到 2013 年的地方政府债发行规模分别为 2000 亿元、2000 亿元、2000 亿元、2500亿元、3500 亿元，但相对于城镇化建设庞大的资金需求仍然是杯水车薪。从 2011 年开始，中央政府尝试允许地方政府自行发债。2011年和 2012 年，上海市、浙江省、广东省、深圳市开展地方政府自行发债试点，2013 年扩大了自行发债试点范围，增加了江苏、山东两省，但对年度发行额进行管理。2014 年 5 月 21 日中午，财政部发布关于印发《2014 年地方政府债券自发自还试点办法》（以下简称

《办法》）的通知，允许上海、浙江、广东、江苏、山东、北京、青岛等十省市试点地方政府债券自发自还，标志着中国版市政债终于放行，这些都有利于缓解地方融资缺口，有利于探索地方融资"阳光化"。然而由于试点自主发债规模小，整体上对地方融资格局影响有限。在新型城镇化高达 40 万亿元的融资规模目前，依然显得杯水车薪。

8. 股权融资门槛高

目前资本市场对基础设施融资的条件比较严格，要求必须具有收益的稳定性和较高的回报率。实践中，连燃气公司、水务公司这类具有稳定收益的公司都难以在资本市场上市融资，更别说那些纯公共物品性质的基础设施。而对于社保基金、产业投资基金的股权融资方式，目前有严格的条件限制，在发改委备案的股权投资基金数量很少，限制了社保基金的选择，不具备大规模推开的条件。

五、地方政府融资的结构转换挑战

地方政府融资在经历一个爆发期后，随着经济社会的发展，面临着土地出让收入机制、外部金融通道的结构转换挑战，现有融资机制的存续性存在很大问题。

1. 土地出让收入机制面临多重危机

目前地方政府依赖的土地出让收入机制存在不稳定性。首先，虽然土地出让机制突破了现有法律制度的约束，拓展了地方政府融资空间，但面对地方政府稳定、长期、巨大的融资需求，土地出让收入机制显得力不从心。根据审计署 2013 年 6 月公布的"36 个地方政府本级政府性债务审计结果"，报告中的 18 个省会和直辖市，有 17 个承诺以土地出让收入来偿债，比例高达 95%。然而，部分地方以土地出让收入为偿债来源的债务余额增长，但土地出让收入增幅下降，偿债压力加大。2012 年年底，4 个省本级、17 个省会城市本级承诺以土地出让收入为偿债来源的债务余额 7746.97 亿元，占这些地区政府负有偿还责任债务余额的 54.64%，比 2010 年增长

1183.97 亿元，占比提高 3.61 个百分点；而上述地区 2012 年土地出让收入比 2010 年减少 135.08 亿元，降低 2.83%，扣除成本性支出和按国家规定提取的各项收入后的可支配土地出让收入减少 179.56 亿元，降低 8.82%。这些地区 2012 年以土地出让收入为偿债来源的债务需偿还本息 2315.73 亿元，为当年可支配土地出让收入的 1.25 倍。

其次，土地出让的收入机制虽然为地方政府提供了大量建设资金，但稳定性面临挑战。土地出让的收入机制容易受到经济周期和国家房地产宏观调控政策的影响。近几年，城市化进程所带来的大规模人口流动，以及近几年流动性资金充裕等因素为住宅市场和土地市场带来了旺盛的需求。但是，一旦今后我国土地市场出现持续低迷，市场将形成地价下跌的预期，银行对于融资平台储备土地的估值将相应迅速降低，那么，融资平台通过土地抵质押融资模式获得的贷款数额也将大幅减少。例如，2012 年，国土资源部发布"土地市场运行基本情况"显示，2012 年全国土地出让面积和合同成交价款分别为 32.28 万公顷和 2.69 万亿元，同比分别减少 3.3% 和 14.7%。同时，土地出让的收入机制存在明显的区域差异，从 2013 年上半年的土地出让数据来看，无论是总价地王还是单价地王，大多出现在北京、上海、广州等一线城市，二、三线城市的土地市场则略显平淡；而二、三线城市的城镇化基础设施建设的紧迫性更强。同时，随着国家征地补偿标准的提高，土地征用的成本也越来越高，除去拆迁成本和基础设施成本，扣除 10% 的教育基金和 10% 的水利基金，政府从土地出让中可以获得的可支配财力越来越小。

再次，土地出让收入机制面临土地资源总量和代季公平双重约束。土地资源毕竟有限，面临中国 18 亿亩耕地红线的限制，城镇化进程也不允许无节制地开发各类土地，土地供给进而土地出让收入、土地抵押贷款终有枯竭的时候。随着土地资源的耗尽，基于土地出让的收入机制也是不可持续。同时，当期土地出让越多，实质上是对未来各届政府的利益剥夺，使未来各届政府没有足够的土地实现土地资本化，造成政府代季不公平。

2. 地方政府外部融资通道受限

地方政府的外部融资通道主要包括银行贷款、平台公司发生的城投债、信政合作的信托产品等。在近期，随着国家一系列政策的出台，这些通道都不同程度地受到限制。

银行贷款受阻。商业银行贷款受到内部资本充足率的限制、调整业务结构的限制和风险控制的压力。近期国家提高了银行贷款的外部监管标准，加大了银行对地方政府融资平台的贷款控制，要求银行控制贷款规模，对贷款结构进行调整，导致商业银行对地方政府融资平台公司贷款大多持谨慎和观望的态度。同时，各家银行纷纷上收贷款权，银行贷款向大城市、大项目、大企业集中现象突出，贷款额度比较紧张。同时，银行贷款主要以土地为抵押，也受到土地用地指标的限制。

平台公司约束。从债务举借主体看，在2012年年底债务余额中，融资平台公司、地方政府部门和机构举借的分别占45.67%、25.37%，融资平台公司仍是地方政府主要的举借主体。财政部、发改委、人民银行和银监会四部委下放的"463号文"，对地方政府借道融资提出了明确限制，尤其明确要坚决制止地方政府违规担保承诺行为，规范地方融资平台的资产重组、资产注入甚至信用评级，防范地方融资平台风险；任何地方政府融资平台必须具备现金流全覆盖以及能够获得回报才能获得银行贷款。而现实中，地方政府对融资平台的增资受困于地方财政增长；融资平台的再融资受阻于资产负债率红线。地方政府融资平台本来就是一种被"逼出来"的金融创新，现在的问题是这种被逼出来的金融创新，也举步维艰，难以为继。

信托增速下滑。中国信托业协会公布的数据显示，截至2013年三季度末，我国信托资产规模达到10.13万亿元，信政合作项目达8238.78亿元，信托资金投向基础设施的比重达25.97%。但是从信托业资产单季度增加额来看，今年前三季度新增额分别为1.26万亿元、0.72万亿元、0.68万亿元，呈现快速连续下降的境况。作为主要的非银融资渠道，信托发挥作用的空间在下滑。

六、地方政府的融资渠道及其价格差异

(一) 不同融资渠道的价格

在传统融资渠道受限的情况下，地方政府转而寻求各类金融创新产品的支持。从地方政府的融资方式来看，传统、主流的融资渠道包括银行贷款、城投债和 BT，新型融资渠道包括信托、融资租赁、资产管理计划等。银行贷款是地方政府进行基础设施建设的主要融资渠道。

1. 商业银行贷款

根据审计署 2011 年公布的《全国地方政府性债务审计结果》显示，在 10.7 万亿元的全国地方政府性债务余额中，银行贷款为 8.5 万亿元，占 79.01%。2013 年的"36 个地方政府本级政府性债务审计结果"显示：从债务资金来源看，2012 年年底债务余额中，银行贷款和发行债券分别占 78.07% 和 12.06%，银行贷款仍是债务资金的主要来源。从资金价格来看，商业银行贷款利率视项目具体情况，在基准利率基础上上浮 0～30%。从我们对某些地市县区的调查情况来看，约一半以上的商业银行贷款利率上浮在 20%～30%。也就是说，商业银行的资金价格一般在 7.2%～7.8%，取中值，我们估算商业银行的平均资金价格为 7.5% 左右。

2. 政策性银行贷款

向地方政府贷款的政策性银行主要是国家开发银行、中国农业发展银行。国家开发银行主要通过开展中长期信贷与投资，为国民经济重大中长期发展战略服务；国家开发银行的贷款投向主要包括国家基础设施、基础产业、支柱产业以及战略性新兴产业等领域和国家重点项目建设等。中国农业发展银行主要承担国家规定的农业政策性金融业务，代理财政支农资金的拨付等，为"三农"服务。国家开发银行和中国农业发展银行对地方政府项目的贷款利率一般为基准利率，也有上浮 10% 左右，即 6.0%～6.6%，我们取中值，即政策性银行贷款的资金价格为 6.3%。

3. 城投债

城投债是地方投融资平台作为发行主体,公开发行企业债,资金投向多为地方基础设施建设或公益性项目。根据中国债券信息网公布的数据,2014 年第一季度发行的债券的平均利率约为 7.83%。承销费和咨询服务费一般为发行金额的 1.5%。因此,地方政府采用城投债方式的资金成本为 9.33%。

4. 地方政府债

自 2009 年起,财政部开始代发地方政府债。从 2011 年开始,中央政府尝试允许上海市、浙江省、广东省、深圳市开展地方政府自行发债试。2013 年扩大了自行发债试点范围,增加了到山东省和江苏省,但对年度发行额进行管理。2013 年适当扩大自行发债试点范围,增加了山东省和江苏省。根据中国债券信息网上发布的信息,2014 年第一季度发行的地方政府债(包括自主发行)的平均利率为 4.31%,发行手续费一般为承销面值的 0.1%。因此,可以认为地方政府采用地方政府债方式融资资金成本为 4.32%。

5. 中期票据

中期票据是指期限在 5～10 年之间的票据。2009 年年初,中国人民银行与中国银监会联合发布《关于进一步加强信贷结构调整促进国民经济平稳较快发展的指导意见》(银发〔2009〕92 号),提出"支持有条件的地方政府组建投融资平台,发行企业债、中期票据等融资工具"。根据中国债券信息网上发布的信息,2014 年第一季度国有平台公司发行中期票据的平均资金成本(年利率)为 5.48%,发行手续费用一般为面值的 0.3%,则地方政府采用中期票据的资金价格为 5.78%。

6. 短期融资券

短期融资券在银行间债券市场发行和交易并约定在一年期限内还本付息的有价证券。短期融资券采用备案制,只在银行间债券市场交易,即只对银行间债券市场的机构投资人出售。根据上海计算所公布的 2014 年第一季度数据,地方国有平台公司平均资金成本

（年利率）约为 6.92% 。

7. 类城投私募债业务

类城投私募债业务起源于中小企业私募债，虽然中小企业私募债面向中小企业，但很多地方政府在资金短缺的情况下，一些地方融资平台开始借用私募债的通道，通常由银监会名单内的 AA 级及以上退出类城投公司，以其子公司或孙公司或关联公司（通常是国资委旗下的其他企业）发行私募债。中小企业私募债属于完全市场化的公司债券，发行条件比较宽松，被称为中国版的垃圾债，采用备案制，对发行人没有净资产和盈利能力的门槛要求。根据深圳证券交易所 2013 年 6 月在中小企业私募债业务试点推进工作会上介绍，深市中小企业私募债券平均票面利率为 9.25% ；根据上海证交所在发行上市培训会上所做的介绍，截止到 2013 年 6 月底，上交所私募债平均票面利率约为 9.5% 。加上 1% 的承销费用，2%～3% 的担保费用，合计的资金成本在 11.39%～12.39% 。我们加权平均后，估计类城投私募债业务的资金成本为 11.89% 。

8. 信托

中国信托业协会公布的数据显示，截至 2013 年三季度末，我国信托资产规模达到 10.13 万亿元。信政合作项目也达 8238.78 亿元，信托资金投向基础设施的比重也达 25.97% 。根据中国信托网 2014 年第一季度的公布的数据，信政合作产品出售给投资者的价格为 10.39% 。加上 1%～2% 的手续费、1% 的顾问费，地方政府采用信托融资的成本大约在 12.89% 左右。

9. 融资租赁

融资租赁一般是地方政府通过将自来水公司、天然气公司、热电厂、管网、医院设备、学校设备等出售给租赁公司，租赁公司通过回租的方式来获得租金。由于全国没有机构来公布此类产品的交易情况，根据 2013 年的调查，地方政府的融资租赁产品的平均成本约为 12.3% 。

10. 资产管理计划

资产管理计划包括集合资产管理和定向资产管理。根据 2014 年第一季度用益信托网公布的产品数据，其客户平均收益率为11.05%，加上1%的承销费用，地方政府利用平台公司融资的资金成本为12.05%。

11. BT

在基础设施建设利益广泛应用。地方政府在项目建设时，按规定要进行招标、竞标。实际中，由于很多项目有意向的建设企业很少，BT的实际成本远高于10%。在访谈中，很多地方政府官员表示，只有其他融资方式的价格低于15%就比BT划算。因此，在此我们估计BT的融资成本为15%。

不同融资方式下的资金价格见下表（见表8-3）。

表8-3 不同融资方式的资金价格

融资渠道	商业银行贷款	政策性银行贷款	城投债	中期票据	地方政府债券	短期融资券
资金价格（年利率）	7.50%	6.30%	9.33%	5.78%	4.32%	6.92%
融资渠道	类城投私募债业务	信托	融资租赁	资产管理计划	BT	
资金价格（年利率）	11.89%	12.89%	12.30%	12.05%	15%	

（二）不同融资方式比较分析

地方政府债的资金价格最便宜。但2009年到2013年的地方政府债发行规模分别为2000亿元、2000亿元、2000亿元、2500亿元、3500亿元，地方政府债的发行有利于缓解地方融资缺口，有利于探索地方融资"阳光化"，但相对于城镇化建设庞大的建设资金需求仍然是杯水车薪，小规模的自行发债并不能从根本上解决地方政府负债的问题。

城投债的资金价格很便宜，且期限较长。据不完全统计，2009年3月至2013年2月，我国城投债累计发行2.7万亿元。由于一个地级市一年只有一次发行机会，百强县单列一个发行指标，所以，所能提供的资金有限。

短期融资券和中期票据的资金价格便宜，中期票据的还款期限一般为 5 年，短期融资券的还款期限一般为 365 天。短期融资券、中期票据发行程序简单灵活、无须担保，但对发行主体的信用等级要求较高，到 2013 年 2 月，累积发行规模达到 9000 亿元。受发行主体的信用评级、资产规模、资本结构、财务状况以及对项目现金流要求等条件的制约，大多数的融资平台无法达到发行条件。

商业银行贷款的资金价格相对比较便宜，产品种类丰富，是地方政府主要的融资渠道。据《中国地方政府债务问题研究》的研究，截至 2012 年年底，银行信贷仍是地方政府债务最大的构成部分，达到 9.3 万亿元。但商业银行出于对风险的控制，信贷审批较为复杂，对抵押物的要求较高。随着信贷规模控制和存贷比限制，近年来商业银行额度较为紧张，以及贷款集中度指标管理对地方政府的放贷难以大幅增加。2013 年的"36 个地方政府本级政府性债务审计结果"显示：2012 年年底银行贷款余额所占比重下降了 5.60 个百分点。

政策性银行贷款资金价格相对便宜，而且一般贷款期限较长。新型城镇化建设中很多项目的建设周期长，如污水处理厂、公路的投资回收周期在 5～10 年，政策性银行是地方政府新型城镇化建设中的融资首选。但其贷款受额度限制，对地方政府的支持力度总体有限。

融资租赁的资金价格较高，筹资速度快，还款期限为 2 年，或 2 +1年，一方面周期较短，另一方面采用按季度等额还本付息，地方政府的还款压力较大。信托和资产管理计划的价格较高，筹资速度快，还款期限较短，一般为 2 年，可延长至 3～4 年。同时从信托业资产单季度增加额来看，2013 年前三季度新增额分别为 1.26 万亿元、0.72 万亿元、0.68 万亿元，呈现快速连续下降的境况，信托发挥作用空间在下滑。而类城投私募债业务资金价格较高，还款期限较短，一般为 2 年，其面临最大的问题是销售。BT 融资的最大优势是速度快，同时，地方政府在无力还款时，可以延期，但其资金价格较高。

七、完善地方政府融资机制的途径

基于以上的分析，本文认为如果没有对地方政府融资制度的优化安排，地方政府的融资可持续性问题就难以解决。有必要从局部突破过渡到全面推进，从拓展渠道、控制风险、提高效率等维度构建中国地方政府融资可持续性的总体战略布局与制度政策框架。具体来说，可以采取以下措施：

1. 发挥政策性金融的先导作用

选择政策性金融作为首要的融资来源，是由于商业性金融和财政拨款与新型城镇化建设资金的用途不匹配。新型城镇化的建设项目大多为准公共品，生态环境项目的投入具有公益性、超前性、社会性，而且投入金额大、建设周期长、沉淀成本高、盈利能力弱，与商业性金融的赢利性和流动性相矛盾。同时，由于地方财政收入有限，所以也很难满足城镇化过程中巨大的资金需求。在准公共品建设融资中，只有政策性金融机构提供的资金具有内在一致性，有可能成为城镇化建设融资的先导力量。国家应出台相应政策措施，促进国家开发银行、农业发展银行等金融机构开展有针对性的贷款；也可以成立新的开发性金融机构，专门满足城镇化中公共品供给的融资需求。

2. 创新资产证券化作为突破口

应将资产证券化作为确保地方政府债务可持续健康增长的系统突破口。[142]资产证券化多采用表外融资方式，不受银监会总量规模监管。而且资产证券化的票面利率低于银行贷款和企业债利率，更远低于信托、融资租赁等融资工具的价格，能有效降低地方政府债务的融资成本。而且，WIND 的数据显示，改革开放 30 多年来中国城镇固定资产投资完成额近 40 万亿元，这其中包含了大量的优质资产。国家审计署《关于全国地方政府性债务审计情况的报告》显示，地方政府债务资金中，约 36.7% 用于城市基础设施建设，24.9% 用于交通运输项目，10.6% 用于购买土地，也就是 72.2% 的债务形成有价值的资产，并随着城市化推进其资产价值在不断提升。通过创新资产证券化产品将资产转化为资本，为化解地方政府债务问题增加了一个有效选择和系统突破口，有助于地方政府融资机制的可持续发展。

3. 赋予地方政府发债权

允许地方政府自主发债，将有效降低地方政府流动性风险及融资成本。完善的地方债券制度是发达的市场经济国家的重要制度之一，虽然允许地方政府自主发债需要一系列的制度建设，需要一系列政策措施的协同与配合，是一个漫长的过程，但应该是未来的一个发展方向。目前，国家允许部分地区自行发债只是将发债的形式操作下放给地方，本质上还是中央财政担保的，但也为未来地方政府自主发债积累了经验。

大力发展直接融资，允许地方政府发行市政债券。市政债券属政府债务，发行市政债券可以为生态环境保护建设建立稳定的投资来源。同时，可以调整国家债务结构，推行债务品种多样化和地方化，把集中在中央政府的国债分解到各地方政府，降低了中央的债务风险，中央政府可以通过转移支付和各种优惠政策对地方实施支持。市政债券发行条件不同于其他纯商业债券，基于市政债券投资项目的公益性质，通常是免税发行，免税交易。市政债券有利于集中市政建设的融资需求，降低融资成本。与其他融资方式相比，市政债券能够有效降低融资成本。所以，应借鉴发达国家经验，允许地方政府拥有针对公共产品供给的市政债券发行权，当然，地方政府市政债券的发展和完善需要相关法律框架的构建以及一系列的相关制度建设，是一个长期的过程。允许地方政府自主发债，将有效降低其流动性风险及融资成本。此外，私有化部分国有企业和城市商业银行，也将能从根本上减低地方政府的债务负担。为了加快生态环境建设，必须综合运用行政手段和市场机制，保障市政债券资金优先用于生态环境治理。

但是，完全依赖发行市政债券融资的方式也是不可取的，因为市政债券是以地方政府信用作为担保和后盾的，所以投资者很容易接受此类债券，并且政府在发行债券过程中不存在过多障碍，这样在没有约束的条件下极易引起地方政府的投资冲动，最终导致项目乱上现象，增加地方政府财政负担。西方国家的部分地方政府面临破产的境地就是这种行为的后果。

目前，我国地方政府举债主体多且复杂，因此，负债主体的数量需要严格控制，对于新的政府性投融资机构需要通过人大立法授权决定是否拥有合法的举债权，对于偿还能力差、债务风险较大的举债主体，应取消其资格。所有的举债主体都必须在其监管范围之内，举债权应下放到省市县级政府，但乡镇政府不适合成为举债主体，严格制止发生新的乡村债务，同时，中央政府可参与对地方政府举债行为的指导，用以约束举债主体的举债行为。[141]

4. 适当引入社会资本参与新型城镇化和生态环境建设

新型城镇化建设过程的很多项目带有一定的赢利性，可以通过公私合作的方式适当引入民间资本参与建设，从而扩大民间资本投资空间和投资机会，提高公共投资的效率和公共投资的治理水平，也能够减少政府在这方面的公共投资压力和后续运营的低效率。为此，必须认真贯彻《国务院关于鼓励和引导民间投资健康发展的若干意见》文件的精神，创新改革投融资体制，打通社会资本进入渠道。消除民间资本进入生态环境建设的体制性障碍和制度性障碍，引导民间资本进行生态开发、资源开发、旅游开发等领域，建立民间资本进入的诱导性机制。民间资本进入生态环境重建领域具有积极的意义，地方农民承包宜林荒山荒地进行生产性活动，特别是一些农民在荒山上种植一定规模的经济林、开办生态农庄、进行生态养殖，能够迅速致富。

国家应该采取切实可行的税收支持措施，吸引社会资本支持生态环境建设，保证生态环境工程建设的顺利进行。第一，在重点生态地区设立生态环境工程保税区，增加生态工程项目的诱惑力，吸引国内外投资者参与项目建设。第二，放宽征税条件。对污染少、资源能源消耗低、生态友好型企业，实现差别税收，放宽增值税、所得税的征收条件，使企业得到税收实惠。第三，实行税收返还制度。对生态企业实施免征或全额返还资源税，将免税或返还部分作为国家投资，继续用于生态环境保护。对生态环境建设项目，在税收上实行返还制度。

5. 建立生态投资基金

建立生态投资基金，对于加快发展生态产业，对于全面落实科学发展观，建设资源节约型和环境友好型社会，促进人与自然和谐发展，意义十分重大。生态投资基金主要是由生态企业或公司直接提供资本支持，并从事资本经营与监督的集合投资制度。创业投资基金的介入，既可以实现环保产业与资本市场的结合，为生态企业注入资金，解决生态建设资金不足的问题，又可以辅助优质生态未上市企业上市。其中基金来源可以通过财政注资、提高资源税率和资源使用补偿费以及向下游征收环境调节税的办法筹集，主要用于西部生态功能区的国土整治和保护、生态脆弱地区不开发不发展的机会成本的补偿。

同时，基于二线、三线城市地方金融人才严重缺乏的现实，加大培养引进金融人才；基于地方政府以前形成的固定资产法律权证不全的历史遗留问题，统一对 2008 年以前的各类资产制定较为宽松的办证条件；对于已经发生的合理的短期债务，区别对待考虑适当延期或者减免，防止发生系统性的金融风险；出售部分国有企业及其股份，缓解、降低地方政府的债务负担；基于中国现实情况，应约束地方政府的行为压缩开支，提高资金使用效率；适时推进公共预算制度改革，实现公共预算的民主化、精细化、公共化和公开化。

最后，中国作为一个发展中大国，具有人口众多、空间广阔、区域特征明显、地区发展水平差异大的特征，各地方政府的财政收入差别较大，为了满足异质性的地方政府的融资需求，提高融资效率，有必要采取地区差异性的政策。

第九章　生态城市构建的实践：案例研究

一、芜湖：滨江山水园林城市

（一）表现

芜湖市位于安徽省东南部，长江下游南岸，是安徽第二大经济城市，是华东地区第三大综合交通枢纽，5 条铁路在此交会，3 条高速在此相连。与马鞍山、宣城、铜陵、池州接壤，南倚皖南山系，北望江淮平原，属亚热带湿润季风气候。光照充足，雨量充沛，四季分明。芜湖市地貌类型多样，平原丘陵皆备，半城山水，清秀怡人。市域面积中山体占 20.5%，水域占 14.4%。辖区内有赭山、神山、天门山等山体；镜湖、奎湖、龙窝湖等大的湖泊；长江、青弋江、水阳江流经该市。自然生态条件良好。

2013 年，经水利部正式批准，芜湖市正式入选全国首批 45 个水生态文明建设试点城市。在城市与生态和谐共融的发展理念下，芜湖城市向着现代化滨江山水园林城市的目标迈进。环境保护部公布的 2012 年上半年环境保护重点城市环境空气质量状况和重点流域水环境质量状况中，芜湖市所监测的二氧化硫、二氧化氮、可吸入颗粒物平均浓度同比分别削减了 35.9%、36.1% 和 32.3%。2013 年 7 月，监测结果显示芜湖空气优良率为 100%，环境空气质量创历年最佳。芜湖市成为环保重点城市中空气环境质量改善最明显的城市。截至"十一五"末，芜湖实现减排化学需氧量 12323 吨，比"十一五"初下降3%以上；减排二氧化硫20315吨，比"十一五"初下降约1%。全市空气质量优良天数95%以上；市区内的主要河流青弋江水质明显好转，由Ⅳ类水质上升到Ⅲ类水质，饮用水源水质达标率为100%；森林覆盖率达20.9%；目前，芜湖全市建成区绿化覆盖率达39%，绿地率35%，人均公园绿地面积9.1平方米，城市各城区人均公园绿地面积超过5平方米，城市道路绿化普及率、新改建居住区绿地达标率均达100%。芜湖市的繁昌县、芜湖县跻身"全国文明县城"行列，无为县、南陵县分别成为"安徽省文明县城""创建文明县城工作先进县城"；涌现出6个全国文明村镇、7个省级文明村镇、45个市级文明村镇。2011年，南陵县成为国家级生态示范区，5个镇成为"全国环境优美乡镇"。截至目前，芜湖共有国家级环境优美乡镇8个，省级环境优美乡镇7个，41个省级生态村和67户省级生态示范户。2011年9月中旬，国家园林城市专家考察组来芜湖细致考察后，认为芜湖城市园林绿化系统总量适宜、布局合理、功能高效、特色鲜明，成功跻身住房和城乡建设部命名的2011年国家园林城市。在美好乡村建设方面，2010年，芜湖弋江区开展以治理垃圾污染为主要内容的"清洁家园"行动，逐步形成"户集、村收、镇运、区处理"的农村垃圾处理模式。2011年，芜湖全市有13个镇实施农村清洁工程。2012年芜湖确定58个村庄整治点，对村容村貌、垃圾收集、污水处理、改水改厕、水环境治理等问题进行整治，优化提升了村庄环境，促进了农村产业发展、农民增收。

（二）原因

1. 规划引领

生态建设是一项系统工程，规划引领作用不容忽视。芜湖在全省率先制定了城市总体规划环境评价，编制完成了《芜湖市生态市建设规划》，开展了《芜湖市域城镇体系空间利用总体规划（2006—2020年)》的环境影响评价工作，编制完成《芜湖市节能环保装备产业发展研究报告》。按照经济社会发展规划、城市总体规划、土地利用规划、产业发展规划"四规合一"要求，一张蓝图绘到底，优化城市空间布局。编制完成《芜湖市节能环保装备产业发展研究报告》。

2. 领导重视

芜湖市委、市政府高度重视环境保护工作，市政府主要领导牵头成立生态市建设领导小组，确立了生态建设和环境保护工作"一把手亲自抓、负总责"的工作责任制，多次召开相关协调工作会议，并坚决贯彻落实。市政府每年与各相关部门签订目标责任状。年底考核时，生态环境保护作为一项重要的考核指标"一票否决"。

3. 加大自然环境保护

芜湖市结合本地自然、人文、历史等诸多因素，创造性推进大绿化建设步伐，走出一条独具特色的城市绿化之路。确立了显山露水的绿化建设理念，辟地造园，还绿于民，让越来越多的"青山绿水"代替了"钢筋水泥"。芜湖在城市总体规划中注重城市水环境和文化的保护，将市域范围内的大小湖泊保留下来，形成自然湿地。近年来，芜湖重点启动了保兴埠生态公园、滨江公园、"两江两湖"规划、大阳埠湿地公园、芦花塘湿地公园、板城埠水系整治、中央公园、扁担河两岸景观带等一批水环境整治项目，通过水环境治理彰显芜湖天赋。三年多时间里，芜湖共投入绿化建设资金42.5亿元，新增绿地面积1500万平方米。

4. 发展循环经济

芜湖市实施循环经济百千万示范工程，推进企业间资源共享、副产品互用和企业内部节约利废，做好资源综合利用。目前，全市工业固体废弃物综合利用率达70.6%，粉煤灰综合利用率达99%。运用高新技术和先进适用技术对能源、化工、纺织等传统产业进行改造和提升，延伸产业链，发展产业集群，提升产业竞争力，推动传统产业转型升级，发展循环经济。芜湖在城市园林建设中大量运用乡土树种和中等规格的苗木，这样不仅苗木成活率高，而且适应性好。并通过大力倡导立体绿化，在桥梁上悬挂绿化种植箱，对桥墩实施垂直绿化，对有条件的建筑物实施屋顶绿化。拆墙透绿、扩地增绿、见缝插绿，是芜湖在短时间内改变城市绿化风貌的有力举措。

（三）做法[①]

1. 更新观念追寻绿色增长

把环境指标纳入政绩考核体系。芜湖市充分发挥政绩考核的指挥棒和风向标作用，把生态文明建设相关指标纳入政府工作目标考核体系，大幅提高节能减排、资源环境保护等方面的指标分值，对约束性指标考核实行一票否决。通过具体指标的导向和评价功能，引导、推动、压迫各级党政部门树立绿色发展理念。

从"招商引资"转变为"挑商选资"。芜湖市在招商引资过程中，对于"两高一资"和产能过剩项目则严格控制，坚决拒绝高污染企业。与相关载体单位协同推进产业招商，为优化产业结构打下基础。仅2012年，就否定、劝阻6个不符合环保要求的项目投资建设。并充分发挥环保"调节器""控制阀"的作用，推动规划环评，优化经济结构。

2. 节能减排激发绿色能量

在节能减排方面先消化存量，再消减增量。芜湖市通过挑商引资，选择那些经济效益好、环境污染低的企业落户，尽量减少污染物排放；而对于已存在的企业，采取降低污染物排放量，关停、淘汰落后产能，鼓励企业技术革新等措施。通过工程减排、结构减排和管理减排等措施激发绿色能量。

在工程减排方面，芜湖市将污水处理厂、火力发电、水泥熟料、畜禽养殖等项目建设作为减排重点。通过新建污水处理厂、发电厂脱硫脱硝改造、低氮燃烧改造，推行农业畜禽养殖项目生物发酵、沼气、有机肥制造等工艺，以减少污染排放。在结构减排方面，严格按照要求，将下达的减排要求落实到具体企业或项目上，坚持"一厂一策"。在管理减排方面，芜湖市狠抓机动车污染减排，严控新车登记和二手车转入，加大对黄标车和老旧机动车的强制报废力

---

① 《坚持"绿色发展"建设生态文明城市》，芜湖文明网。

度。积极引导城乡居民广泛使用节能型电器、节水型设备，选择公共交通、非机动车交通工具出行。

3. 循环经济催生绿色财富

大力发展循环经济，抓住结构调整的契机，按照高端引领、低碳环保、集群集聚的发展思路，并加快淘汰钢铁、有色、化工、建材、煤炭、电力等行业的落后产能。着力转变以煤炭消费为主的能源消费结构，利用川气东送经过南陵县的契机，进一步扩大天然气在能源消费中的比例。并加快节能新技术、新材料、新设备的推广应用，推进太阳能、生物质能、地热能、风能等新能源的利用。2012 年年底，芜湖市荣获全国首批新能源示范城市。目前，全市安装太阳能热水器的民用建筑面积约 1560 万平方米，太阳能热水器普及率约为 22%；按照新能源示范城市规划，到 2015 年，芜湖市将力争实现"可再生能源利用量在城市能源消费总量中的比重超过6.5%"。奇瑞公司被列入全国汽车零部件再制造试点，海螺等 15 家企业先后被列为全省循环经济示范企业。被列入全国第二批餐厨废弃物资源化利用和无害化试点，获得中央预算资金 1788 万元。

4. 远谋近施推动绿色崛起

芜湖市将生态文明建设与打造经济升级版相结合，适应转变经济发展方式的需要，从产业结构着手，走新型工业化道路。重点围绕首位产业八大重点领域，开展产业深度研究和招商引智，集中有限资源，多措并举，合力推进首位产业发展，引领产业转型升级。围绕新能源汽车及高端装备制造、节能环保、电子信息、新材料四大重点领域，深入实施战略性新兴产业发展"6122"工程，积极推进国家战略性新兴产业区域集聚发展试点，加快建设工业机器人产业园，培育一批先导产业和支柱产业，通过低能耗产业的增量稀释高能耗产业的存量。

寻求现代产业经济内部的平衡协调。培育具有芜湖特色和国际竞争力的现代产业体系。坚持有所为、有所不为，集中优质资源，发展汽车及零部件、材料、家用电器、电线电缆四大支柱产业。坚持锁定目标招商选资，引进具有自主研发能力、符合产业布局的龙头企业。下功夫培育新能源、新材料、电子信息、生物技术、高端装备、节能环保等战略性新兴产业，用好合芜蚌自主创新综合试验区享受中关村同等政策待遇的机会。通过加快发展现代服务业和现代农业，围绕传统服务业铺天盖地、现代服务业招大引强的理念，在继续发展商贸服务、商务会展、家庭服务等传统服务业的同时，优先发展金融服务、现代物流、服务外包、文化创意、旅游等现代服务业，着力提高服务业比重和水平。引导和支持企业加大研发力度，培育技术力量，以"技术进步、人力支撑、资本形成"为抓手，走开放合作之路。在积极发展现代农业上，提高农业机械化和产业化水平，大力发展特色、高效农业，以沼气建设为纽带，形成集养殖、沼气、种植为一体的生态农业循环，推动现代高效生态农业发展。

5. 显山露水践行绿化理念

辟地造园，还绿于民，让"青山绿水"代替了"钢筋水泥"。位于市中心的赭山，周围被破旧的棚户、违章搭建所包围，市政府不惜重金，全部搬迁拆除。并建起通透式的围墙，给城市透绿。大力实施市域河流和城市湖河等水系的生态保护，按照"水清、流畅、岸绿、景美、宜居"的目标，加大疏浚、截污、引水、生态治理力度，开展河流生态修复工程和沿河沿湖景观建设工程，构建市域湿地生态网络体系。芜湖将市域范围内的大小湖泊保留下来，形成自然湿地。启动了保兴埠生态公园、滨江公园、"两江两湖"规划、大阳埠湿地公园、芦花塘湿地公园、板城埠水系整治、中央湿地公园、雕塑公园、神山公园、扁担河两岸景观带等一批水环境整治项目。在城市园林建设中，大量使用乡土树种和中等规格的苗木，这样不仅苗木成活率高，而且适应性好。修剪下来的树枝粉碎后，埋入土地，改良了种植土壤，增加了土壤通透性。芜湖通过大力实施立体绿化，在桥梁上悬挂绿化种植箱，对桥墩实施垂直绿化，对有条件的建筑物实施屋顶绿化。拆墙透绿、扩地增率、见缝插绿，在短时间内有力地改变城市绿化风貌。①

---

① 《安徽日报》，《安徽：芜湖打造现代化滨江山水园林城市》。

（四）经验

芜湖市从观念和行动上落实生态保护的各种措施，完善机制，增加投入，切实提升城市的生态水平。主要经验包括：

1. 坚持生态为先，环保为重

将生态文明建设置于社会经济发展的全局中去谋划，并放在优先地位。大力实施产业强市战略，抢抓经济结构调整和产业优化升级的机遇，推动产业转型升级。在建设项目的立项，一定要统筹处理好经济建设与环境资源的关系，严把环境保护关，对那些污染环境的一定要拒之门外，把生态效益作为项目的首要考量，充分考虑城市的生态承载能力。中心城区人口密度高，用地紧张，应当更加积极实施产业转型，继续实施"退二进三"发展战略。发展现代服务业，发展生态经济循环经济，节约资源，维护好生态平衡。积极推进生态工业园区建设，引导园区逐步形成生态产业链。增强市民的环保意识，培养环保习惯。广泛开展文明城市、生态园林城市、环保示范城市、森林城市创建工作，提高全民的生态环境意识。以生态建设的实效，来增强市民对建设生态文明城市的认同感和参与度。市人大城建环资工委每年都要专门安排针对环境保护和节能减排的专项调研和执法检查。

2. 完善规划，保持风格

以生态规划统揽城市建设，在城市建设的规划中，要确保一定的绿地用量。统筹考虑建筑的风格和城市环境的关系。注重城市建筑的美观和协调，防止任意提高建筑的容积率，造成城市的拥挤。在古城的建设中，要突出江南水乡园林的特色，彰显明清建筑的风格。要重视城市建筑与园林的关系，提高城市的品位。要注意地上地下的协调，对主城区的排涝系统要加以完善。完善城市的道路布局，重视人居环境的改善和优化。在村庄整治方面，不是要将农村千篇一律地"城市化"，而是尊重村庄的多样性，"一村一品"打造具有个性和特色的乡村风貌，让城市中渐渐消失的传统文化、习俗以及温暖的邻里关系在农村保留，充分展示乡土风情。

3. 加大投入，强力治污

加大力度，对市内河流进行清污治理，防止水质的恶化。对地下管网进行完善，从而将城市污水全部纳入城市污水处理系统，提高城市污水处理能力。发展电动汽车，在城市公交优先，推行低碳出行。对噪声污染、光污染实施治理。推广新型材料，降低城市噪声。淘汰落后产能，杜绝工业污染。

4. 绿化提升，丰富景观

加大城市公园、自然保护区、风景名胜区、饮用水水源保护区及其他需要特殊保护的功能区的建设和保护力度。加快河湖的生态景观保护和建设。重点保护河湖两岸自然生态环境，突出山水自然风光和人文历史的融合。提高树木绿化的管养水平，进一步提高成活率。在城市规划中，预留公共绿地的用地，扩大城市绿地面积。增加了园林建设的经费投入，提高主城区的树木密度，科学合理配置树种和花卉的品类。重视小区的绿化水平，实施立体绿化，让人们生活在绿树环绕绿草丰盈的主城区中。围绕生态特色，做活土地文章。在城市化大背景下，通过"视农为宝"，为农业增加了"生态""旅游"等附加值，探索出一条以工业理念发展农业、加快转型发展打造绿色GDP的特色之路。

5. 加大宣传，提升意识

构建互联网、报刊、电视、广播、户外广告多重覆盖的立体宣传网络，开展多层次、多形式的生态文明科普宣传和媒体传播。广泛开展文明城市、生态园林城市、环保示范城市、森林城市创建工作，提高全民的生态环境意识。加强生态环保志愿者队伍建设，动员党员干部、大中学生以及社会各界积极参与各种形式的绿色创建活动。

二、贵阳：生态文明的典范

（一）表现

贵阳为贵州省省会，是贵州省的政治、经济和文化中心。地处中国西南边陲，位于云贵高原东部，是我国西南地区重要交通通信枢纽，是一座新兴的具有一定现代化水平的综合型工业城市。1992年7月，国务院决定贵阳市实行沿海开放政策，是全省目前唯一内陆开放城市。2007年，贵阳市做出"走科学发展路，建生态文明市"的路径选择，致力构建绿色经济生态、宜居城镇生态、自强文化生态、友好自然生态、和谐社会生态、协调政治生态等"六大生态体系"。实施最严厉的措施保护生态环境，城区空气质量良好以上天数稳定在95%以上，通过不断的生态努力和生态实践，"生态"成为这座城市的靓丽名片。"中国避暑之都""爽爽的贵阳"城市品牌影响力和美誉度不断提升；"贵阳避暑季"生态旅游品牌效应凸显，生态型工业经济的发展后劲明显增强，产业生态化格局渐显。

贵阳还成为全国首批低碳城市试点之一，在生态建设方面取得了明显的成效：一是经济实力不断增强。2012年，贵阳市市生产总值1700.30亿元、固定资产投资2482.56亿元、财政总收入488亿元、公共财政预算收入241.2亿元，分别是2006年的3倍多。人均GDP从15731元提高到31712元，多项经济指标增速创历史新高，挤进全国省会城市前列。二是生态环境持续优化。2012年，空气质量优良率为95.9%，达到国家环境空气质量二级标准；饮用水源地水质达标率为100%，地表水水质达标率为95.83%，城区空气质量优良率稳定在95%以上，"两湖一库"水质稳定在Ⅲ类；区域环境噪声和道路交通噪声平均值分别为55.5分贝和67.5分贝，达到国家相关标准；全市森林覆盖率从2007年的34.7%提高43.2%，建成区绿化覆盖率达42.8%，新增城区绿地54.66万平方米，人均公共绿地面积从2007年的9.45平方米提高到10.85平方米。2007年以来，完成155平方公里的石漠化治理和采石迹地恢复工作，新增绿地360万平方米。先后被评为国家园林城市、国家节水型城市、全国十大低碳城市和国家卫生城市、全国文明城市等。三是幸福指数大幅提升。2011年贵阳市民幸福指数为89.19，比上年提高1.81个点，人民群众在这座城市生活得更有尊严、更有品质、更加阳光、更加幸福。

（二）做法

1. 规划先行

近年来，贵阳按照生态文明理念完善城市规划，先后编制了《贵阳市城市总体规划》《贵阳市生态功能区划》，城市面貌显著改善、城市功能显著增强；以"三创一办"为抓手，培育市民文明行为、积极倡导生态文化，践行生态文明生活方式开始成为市民共识和自觉行动；制定了国内首部促进生态文明建设的地方性法规《贵阳市促进生态文明建设条例》等系列法规，为保护绿水青山提供法制保障，制定了《建设生态文明城市责任分解表》等系列责任机制，为形成长效管理奠定了重要基础。既要绿水青山，也要金山银山，贵阳市在城市建设中必然选择了生态文明城市建设，相继制定并实施了《贵阳市生态公益林补偿办法》《贵阳市关于建立生态补偿机制的意见》等多部"绿色"法规。2010 年 3 月 1 日，国内首部促进生态文明建设的地方性法规《贵阳市促进生态文明建设条例》也正式出台实施。

2. 工业体系的生态化

通过编制《贵阳市生态功能区划》，将国土资源空间划分为优化开发区、重点开发区、限制开发区和禁止开发区，合理优化产业布局。以循环理论和生态工业的理论为指导，建立生态工业体系，改变传统的高投入、高污染、低效率的粗放型发展模式，使工业系统仿照自然界生态过程物质循环的方式运行。不仅企业层面推行清洁生产，提高资源利用效率，而且通过促进相关企业的产业整合，提高总体经济效益。另外，还建立了生态工业园区。值得一提的是，在磷铝煤等重点产业进行的生态化很成功。贵阳还以循环理念重点发展电子信息、环保、汽车等工业。对于破坏环境的行为一律严惩，对于滥用职权导致环境损害的行为也决不手软。

3. 农业生产的生态化

贵阳生态农业遵循"整体、协调、循环、再生"的原则，结合当地的自然资源和环境状况，以改善农业生态环境为重点，探索生态农业发展模式。因地制宜形成了生态循环种养、休闲观光生态、大中型沼气池生态循环、村寨污水净化处理等生态循环农业发展模式。以提高经济效益为中心，以生产无公害农产品为目的，运用系统工程的方法，全面规划、合理组织，实行生物措施、农艺措施与工程措施相结合，逐步实现农业产业结构合理化、生产技术生态化、生产过程清洁化、生产产品无害化。贵阳按照"循环再生"理论，打破了三产界限，以沼气工期为纽带，实行"种、养、加、销"四业配套，将农业生产的废弃资源循环利用和能源建设工程紧密结合，并吸收了城市生活的废弃物，形成了生态系统内部的闭路循环。生态农业还很重视特色化，如中药 GAP 种植基地建设、富硒资源产业化开发、生态旅游观光农业等，都取得了很好的效果。加快推进农业标准化生产。建成覆盖市、县、基地、市场的农产品质量安全监测网络体系；全市共制定了 72 项农业地方标准，确保农产品优质、生态、高效和安全。并结合贵州实际，积极搭建产销平台。逐渐摆脱了以前典型的粗放式资源依赖型发展模式，从大量生产、大量消费、大量废弃的传统经济发展模式逐渐转向低消耗、低排放、高效率的现代化生态产业发展模式。通过举办国际绿茶博览会与特色农产品交易会等展会活动，提升农产品品牌与市场化水平；在社区建立 152 个蔬菜直销点，推动农超对接；利用淘宝网"特色中国·贵州馆"等现代信息平台，发展农产品电子商务。

4. 可持续消费

消费也是生态环境建设的重要一环。贵阳市目前的消费总量和人均消费量都处在一个相对较低的水平，消费过程中的过度包装、一次性消费的行为较多。贵阳市政府决定以自身行为推动绿色消费系统的形成。政府不仅进行绿色采购，而且在政策上鼓励企业利用废物进行生产，实行清洁生产。

（三）经验

贵阳市生态文明建设走在全国的前列，他们的经验包括转变思路、创新理念，坚持生态战略不动摇；统筹谋划，积极推进，围绕既定目标不放松；创新制度、强化保障，健全生态文明建设体制机制。

1. 围绕生态战略转变思路、创新理念

（1）树立正确的生态价值观，在新的起点上实现绿色崛起。贵阳市委、市政府将高品质的生态环境作为稀缺要素和重要生产力，有力地引导着经济社会快速发展。贵阳市提出全面实施产业现代化和城乡一体化两大战略，争取又好又快更好更快地融入国际化、实现现代化、体现人文化、突出生态化，努力把贵阳建设成为生态环境良好、生态产业发达、文化特色鲜明、生态观念浓厚、市民和谐幸福、政府廉洁高效的生态文明城市。从发展战略、发展目标、发展思路都体现了他们的生态特色。

（2）树立正确的发展观，不断提升生态文明建设的惠民度。贵阳市始终把生态立市和以人为本统一起来，把改善民生作为生态文明建设的出发点、落脚点和结合点，坚持用民生需求来"倒逼"生态文明建设，用民生改善的成果来衡量生态文明建设的成效。他们的实践说明，生态文明建设一方面促进了人与自然、人与人、人与社会的和谐共生；另一方面也促进了经济社会的又好又快发展，实现了人民群众生活水平的不断提高和生活质量的持续改善。贵阳市的实践充分说明，生态文明建设绝不是不排除发展，生态文明建设并不是消极地保护自然，不能就生态论生态，而是要和满足人民群众的物质、文化、生态需求更加紧密地结合起来。

（3）树立正确的政绩观，实现生态与经济的融合发展。贵阳市在生态文明建设实践中，不走拼资源、拼环境的老路，较好地处理了"金山银山"和"绿水青山"的关系，努力找准科学发展与发挥生态优势的结合点，把握生态保护与开发的平衡点，培育生态经济增长点，在科学保护的前提下，在环境承载力的范围内，积极促进经济生态化、生态经济化。这也说明科学的发展观和正确的政绩观是统一的。

2. 围绕既定目标统筹谋划、积极推进

（1）制定符合生态文明理念的城市规划。贵阳市把生态文明建设规划纳入城市总体规划和经济社会发展规划，以规划为龙头，为生态文明建设奠定了良好的制度基础。通过成立贵阳市城乡规划建设委员会，城市总体规划在保护好环境的前提下严格按照生态文明城市的理念规划进行建设。提高公众参与度与决策透明度，对群众关心的热点问题一律向市民公开，把所有工作置于群众参与和监督之下。按照生态文明理念完善城市规划，编制了《贵阳市城市总体规划》《贵阳市生态功能区划》，通过严格的指标体系落实生态文明理念，该指标体系包含基础设施、生态产业、环境质量、政府责任等生态文明城市指标。贯穿生态文明理念的《贵阳市生态文明城市总体规划》于近期获得国家发改委批复。

（2）因地制宜发展生态经济。一是着眼于发展生态工业。围绕"在哪里发展工业"，突出工业集聚集约集群式发展，在贵州省重点打造100个工业园区的框架下有效开展工作。二是着眼于打造绿色农产品基地，大力发展生态农业，加快农业现代园区建设，着力打造绿色菜篮子基地、旅游观光农业基地和农业科技实验示范基地，在贵州省重点打造100个农业园区的框架下有效开展工作。三是着眼于打造独具魅力的地区生态文化休闲度假旅游目的地，大力发展生态旅游业，挖掘旅游业的文化内涵，促进生态农业、工业与旅游业的有机融合，打造生态文化旅游品牌，在贵州省重点打造100个旅游景区的框架下有效开展工作。并以科技进步为动力，推进产业结构优化升级，营造有利于经济结构调整和增长方式转变的政策环境，促进形成高增长、高质量、高效益、低投入、低消耗、低排放的增长方式。

（3）注重实效改善生态环境。把保护和建设好良好的生态环境作为生存之基和发展之本。一是优化空间总体布局。以放宽城镇户籍限制政策为契机，加快中心城区和县域中小城市中心镇的建设，在新农村建设中加快农村人口集中、产业集聚、土地集约和设施配套，大力实施生态移民工程，把发展空间让给生态。以产业结构的优化升级、科学布局和高新技术手段的研发运用来解决生态环境问题，促进可持续发展。二是强化生态环境治理。做到地不乱占、树不乱砍、矿不乱采、水不乱截，实现青山长绿、碧水长流、生态永存。三是强化生态制度建设。建立生态补偿机制，改革对贵阳市各区、市、县的政绩考核办法，鼓励创业，优化人才激励机制等。积极推进污染控制从末端治理向源头控制转变，促进生态、生产、生活全面协调，提升可持续发展能力。

（4）大力弘扬生态文化建设。一是树立生态文明观，强化公众的生态保护意识。采取形式多样的宣传活动，加强对市民、村民的生态意识教育，引导公众树立人与自然和谐发展的思维方式和价值导向，强化公众的环境价值观、道德观、伦理观。引导公众全面地、正确地认识和处理人与自然的关系，培养人们的生态道德意识，使科学认识自然、友善对待自然成为人们工作、学习、生活中的一种理念，把保护自然生态环境作为自己义不容辞的责任，自觉地规范自身对待自然生态环境的行为，培育绿色消费模式，引导和规范绿色生产消费行为。加强生态公益广告宣传，倡导科学、健康、环保的消费观念和消费模式。二是着力构建独具魅力的区域文化风格。对辖区特有的文化元素加强研究和整合、开发、利用，促使文化资源优势优化重组，构建当地的特色文化。

3. 创新制度、强化保障，健全生态文明建设体制机制

完善体制机制是生态文明建设的首要保障。近年来，贵阳市创新举措，相继建立了有效促进生态文明建设的约束保障机制、考核评价机制和领导管理体制。

（1）建立了责任保障机制。2012 年，贵阳市整合市环保局、林业局、园林局，并将市文明办、发改、工信、住建、城管、水利等部门涉及生态文明的相关职责划转，组建贵阳市生态文明建设委员会。果断摒弃"先发展后治理、边发展边治理"的陈旧思维，把消极被动的"亡羊补牢"变为积极主动的"未雨绸缪"。在生态文明建设过程中要坚持综合治理、预防为主的原则。由贵阳市生态文明建设委员会负责全市生态文明建设的统筹规划、组织协调和督促检

查等工作。明确了责任主体，提高了行政效率。由该委员会统一贯彻执行生态文明建设相关法律、法规、规章和政策，牵头起草和监督实施全市生态文明建设的地方性法规、规章草案；推动落实科学合理的城镇空间布局、产业发展布局、生态功能区布局；组织指导资源节约工作；统筹负责自然生态系统、环境保护、林业和园林绿化等工作；负责生态文明制度建设、生态文化建设等工作。

（2）建立了考核评价机制。实施生态文明创建"一把手"工程，党委、政府主要领导亲自挂帅，各级各部门一把手负总责亲自抓、负总责的领导机制和部门职责明确、分工协作的工作机制。四套班子领导每人包片包乡、各级干部包点、部门包项目，将创建工作指标细化落实到具体单位、具体责任人，做到一级抓一级，层层抓落实。实施了《贵阳市建设生态文明城市责任分解表》，责任内容涉及9个方面共138项与百姓生活息息相关的主要任务，每一项的第一负责人均被逐一落实在市里四大班子一把手和市委其他常委、市府各位副市长名下，并明确了责任及完成时限。从制度上解决生态环境的整体性、长期性与不可逆性问题，真正把人与自然的和谐与可持续发展纳入到国民经济与宏观决策中。在公布建设生态文明城市责任分解表的基础上，围绕建立一套充分体现生态优先和人民群众满意度的生态文明城市指标体系的目标，形成了《贵阳市建设生态文明城市指标体系及监测方法》成果并通过评审验收。其指标体系主要包括生态经济、生态环境、民生改善、基础设施、生态文化、政府廉洁高效等6方面共33项指标。逐步形成分级治理、部门协调、上下联动、良性互动的格局，并且实行日常考评。形成依据长远生态目标来规划发展步骤、发展速度、发展结构、发展方向，在此基础上确立新的以绿色GDP为指标的发展模式。

（3）建立了法律追究制度。为了保障和促进生态文明城市建设，实现经济社会全面协调可持续发展，根据有关法律、法规的规定，在2010年1月8日贵州省第十一届人民代表大会常务委员会第十二次会议批准的《贵阳市促进生态文明建设条例》的基础上，修改的《贵阳市建设生态文明城市条例》，经2013年2月4日贵阳市第十三届人民代表大会第三次会议通过，2013 年 3 月 30 日贵州省第十二届人民代表大会常务委员会第一次会议批准，自 2013 年 5 月 1 日起施行。综合运用法律、经济和行政手段，果断淘汰、关停一批资源浪费、污染严重、效益低下的落后生产能力、工艺、技术和产品。加大执法和监测力度，巩固和提高达标成果，抓紧抓好工业污染源自动监控系统建设，加强对各种污染源的监督检查，防止达标企业的污染反弹，使所有企业的污染排放达到国家规定的标准。加大对污染排放不达标企业的整治和处罚力度，并对不达标的企业果断实行关停并转。

三、苏州：生态城市新坐标

（一）表现

苏州地处江苏省东南部，东邻上海，濒临东海；西抱太湖（太湖 70% 水域属苏州），紧邻无锡，隔湖遥望常州市和宜兴，构成中国长三角最发达苏锡常都市圈；北濒长江，与南通、靖江隔江相望；南临浙江，与嘉兴接壤，所辖太湖水面紧邻湖州。苏州物华天宝，人杰地灵，是长江三角洲重要的中心城市之一。改革开放以来，苏州获得了全国文明城市、国家卫生城市、国家环境保护模范城、国际花园城市等荣誉称号。

苏州坚持以科学发展观为统领，以转变经济发展方式为主线，紧紧围绕"两个率先""三区三城"和富民强市的目标，狠抓发展第一要务，深化改革第一动力，注重民生第一需求，加快转型第一抓手，促进和谐第一责任，全市经济快速发展，社会事业全面进步，综合实力显著增强，城乡面貌日新月异。苏州及下辖四市创建"国家环保模范城市"，高分通过环保部复核。苏州市小康社会"环境质量综合指数"实现值为 93.35，地表水水域功能区水质达标率为 90.7%，集中式饮用水源地水质达标率为 100%；太湖流域 23 个考核断面达标率为 69.6%；市区空气优良以上天数达到 339 天，同比增加 4 天。建成区绿地率达 38.2%、绿化覆盖率达 45%、人均公共绿地面积为 14.8 平方米。为城市生态环境改善奠定了良好基础。公众对生态环境满意度达到了 85%。全社会环保投入达到 445 亿元，占 GDP 的比重达 3.70%。2013 年，江苏省对全省 13 个省辖市进行了 2012 年度生态文明建设工程综合考核，苏州市得分为 373.6 分，位列全省第一。先后获得"国家环保模范城市群""国家园林城市群""全国文明城市"等 30 多项国家级称号，并荣获"国际花园城市""中国投资环境金牌城市"等 10 多项世界级荣誉。

苏州西部生态城作为苏州生态城市建设和创新的重要平台，规划总面积约 42 平方公里，其中 15 平方公里区域为建设区，总投资 250 亿元，西部生态城将以太湖湿地公园为"绿心"、生态廊道为"绿链"、滨湖景观带为"绿环"，建成一座集旅游休闲、文化创意、民间工艺及高品质居住、办公于一体的低碳生态型山水新城。目前，西部生态城已经成为苏州"一核四城"的战略区域，发展成为生态环境优美、宜居宜业的低碳经济发展示范区，旅游休闲度假首选区和新农村建设样板区。

（二）做法[143]

1. 思想高度重视

在苏州新一轮发展中，牢固树立科学发展观，坚持以人为本，强化"环境优先、生态立市"的理念，坚持在保护中促进发展，在发展中落实保护，环境保护与经济发展和社会进步同步推进，力促人与自然的协调发展；树立人与自然和谐相融的现代生态文明观，树立资源节约、环境友好的发展理念。坚持统筹兼顾，协调各方利益，保障和有序满足当代人的发展需求，维护和充分尊重后代人的发展权益，实现可持续发展，努力创造一种与自然相和谐的文明科学的经济社会发展模式。把建设生态园林城市放在全市"两个率先"发展的突出位置，全面提升了苏州的城市品位和综合竞争力，为实现苏州发展新跨越奠定了坚实的基础。高度重视创建国家生态园林城市，把经济与环境和谐发展放在更加重要的战略位置，全面提升全省城乡建设和生态文明建设水平。强调对生态要有珍爱之情、敬

畏之心，做到既要把发展搞上去，又要把生态环境保护好，把握好
两者之间的平衡点。2013 年年初修编完成《苏州市城镇体系规划》，
按照人口资源环境相均衡、经济社会生态效益相统一的原则，描绘
出一幅"协调推进城市化、区域发展差别化、建设模式集约化、城
乡发展一体化"的新型城镇化发展蓝图。

2. 合理利用自然资源，营造良好的城市生态环境

苏州将生态文明建设作为工作的重中之重，对节能减排、建立
生态补偿机制、扬尘治理、汽车尾气污染整治、电子废弃物处理、
山体资源保护、水源水质保护、湿地保护、耕地保护等工作予以高
度关注，支持督促政府及有关部门加快转变经济发展方式，倡导生
态文化，保护生态环境，实现人与自然和谐相处。结合苏州市绿地
系统规划，着力推进中心城区公共绿地和周边风景防护绿地的建设，
形成覆盖城市的绿色网络和城郊一体的绿化体系。加大重要生态功
能区的保护力度，重视人工湿地的保护。高度重视和切实加强自然
的植物群落和生态群落的保护，划定国家重点生物多样性保护区，
维持系统内的物质能量流动与生态过程。

3. 保护与治理并重，优化城市生活环境

"中国最具经济活力的城市""中国魅力城市""中国投资环境
金牌城市"，这些称号的取得，得益于《苏州市推进经济结构调整和
转变增长方式行动计划》等四大行动计划的实施，得益于苏州经济
建设与生态建设共同推进。苏州市结合创建生态市、节水型城市等
活动的开展，全面实施国家生态园林城市创建工作，城市生态环境、
城市生活环境和城市基础设施建设等方面有了较大改善和提高。苏
州优化产业结构和建设布局，节能减排，推动经济增长方式转变。
推进清洁环境建设，大力开展"蓝天工程""碧水工程""宁静工
程"，苏州市生态环境逐年改善。空气污染指数每年小于等于 100 的
天数达 320 天，城市水环境功能区水质达标率为 100%，环境噪声达
标区覆盖率达 100%。着力实施一大批的生态文明的修复工程。

4. 完善城市基础设施建设，构建生态园林城市人居环境

随着城市化进程的快速发展，苏州市城市道路、供电供气、供

水排水、交通设施以及医疗卫生、教育体育等公共服务网络和突发公共事件应急机制不断完善和优化，为市民创造了优美、舒适、健康、方便的生活和工作环境，并降低了城市运行的能耗，减少了对环境承载力的影响。城市基础设施系统完好率超过85%，市区生活垃圾无害化处理率达100%，自来水普及率达100%，城市管网水质年综合合格率达100%，城市污水处理率达76.5%，建成区道路广场用地透水面积比重达68.69%。加快建设地下轨道交通和公共交通主干道体系，减少城区交通拥堵节点，在建成内环快速路和绕城高速的基础上，正在建设中环快速路，主干道平均车速高峰期为每小时41.8公里。

5. 大力发展循环经济，为创建国家生态园林城市奠定基础

一是促进经济增长方式转变。从重数量、规模转到重质量、效益上来，用先进适用技术和高新技术改造提升传统产业，以科技进步为动力，推进产业结构优化升级。积极推进新型工业化，优先发展环保产业，加快发展现代服务业，大力发展现代高效农业，营造有利于经济结构调整和增长方式转变的政策环境，促进形成高增长、高质量、高效益、低投入、低消耗、低排放的增长方式。二是大力发展循环经济。以"减量化、再利用、资源化"为原则，以低消耗、低排放、高效率为基本特征，符合科学发展观和建设生态文明新要求的经济发展模式，是对"大量生产、大量消费、大量废弃"的传统发展模式的根本变革。着力解决土地、资源、运输、环境四大瓶颈制约问题。按照科学发展观和建设生态文明的新要求，坚持发展循环经济的理念，进一步加快推进城乡一体化工作，积极主动地发展循环经济，努力构建循环经济链和产业集团，积极开展清洁生产审核和 ISO 14000 环境管理体系认证，实施清洁生产企业的比例达100%，规模型企业通过 ISO 14000 认证比例达到20%以上。三是严格实施生态功能区划。全市水源地、湿地、湖泊水面、山地、森林和自然保护区、文物古迹等区域是禁止开发区域，实行强制性保护。历史文化名城名镇、生态敏感区、具有一定生态敏感性和历史保护价值需要适度保护的区域为限制开发区域，实行优先保护、限制开发。沪宁和苏嘉杭高速公路、苏虞张公路沿线非生态敏感区以及沿江部分乡镇为优化开发区域。苏州工业园区、苏州高新区等建设用地比重较高的区域，主要发展高新技术产业和现代服务业，为大力开发区域。四是大力推行清洁生产技术。在企业中推行清洁生产技术，降低能耗物耗，最大限度地实现流失物料回收和废弃物回用，建立生产废弃物的循环利用体系。要在行业内推动形成有利于资源循环利用的产业链，开展废气、废水、固体废物的综合利用，在化工、造纸、印染等行业推广废水"零排放"技术。在社会中重点加强环境基础设施建设，积极倡导绿色消费，推行垃圾分类，减少一次性产品使用，广泛开展群众环保活动，完善多层次的资源循环利用系统，加快建设资源节约型和环境友好型社会。

（三）经验

1. 以生态环境法规的制定和加强监管来推进生态文明建设

苏州市以创建国家生态园林城市为抓手，坚持高起点规划、高标准建设、高质量管理，城市绿化建设呈现跨越式发展，改善了城市生态环境，彰显了名城特色，提升了城市形象。苏州制定了《苏州市循环经济发展规划》《苏州市新能源产业提升发展计划》《苏州市饮用水源突发安全事件预警和应急预案》等法规体系。2010 年，苏州市人大通过《关于进一步加强苏州生态文明建设的决定》，成为全国第一个生态立法的城市。依据该决定，苏州市着力保护苏州原生态江南水乡特色生态系统，促进生态环境的自然恢复；着力农村环境综合整治；着力加快建立生态补偿机制，逐步对饮用水水源地保护区、自然保护区、重要生态功能区实行生态补偿；着力建立健全生态文明建设综合评价和考核体系，建立健全领导责任制、任期目标责任制、责任追究制；着力加强宣传教育，动员和组织广大人民群众共建共享生态文明，提高群众的参与度。建立起比较完善的循环经济，始终把环境安全监管作为环保工作的第一要务，以铁的决心、铁的手腕、铁的纪律强化环境执法，解决突出环境问题；进一步推进污染减排工作，在创新与挖潜中寻求"突围"新途径。以数字化、信息化手段，形成环境诸指标的信息采集、存储管理、污染控制和环境决策指挥一体化，完善项目管理制度化，利用专家、环保部门、群众的意见来推进投资决策民主化、科学化、制度化，严格建设项目环评审批、试产审核、竣工验收"三个关口"。以生态环境法规的制定和加强监管来推进生态文明建设。

2. 以自然生态和人文环境一体化来规划和建设生态旅游市

苏州政府依托古典园林、民居建筑和文化古迹，以科学发展观为指导统筹古城区和周边新城的建设。以把苏州建设成为环境优美、生态良好、人民幸福的宜居城市为目标，把保护古城与促进当前发展、保障未来发展统一起来。坚持城乡统筹，城乡一体，协调推进；坚持以人为本，关注民生，造福城乡人民；坚持体制机制创新，建立以生态文明为导向的利益机制和分类区别的考评机制；坚持立足当前，着眼长远，统一规划，分步实施；坚持党委领导、人大监督、政府实施、"两院"协同、企业自律、全民参与，形成强大的社会合力等指导思想和基本原则。编制和调整城市产业布局、生态环境功能区划和生态旅游市规划，古城区着力控制人口数量和经济活动规模，将学校、医院、工厂等不断地外迁，对七里山塘、平江路、桃花坞、古城墙等进行改造和维修加固，注重历史文化传承，以把苏州建设成为环境优美、生态良好、人民幸福的宜居城市为目标，把保护古城与促进当前发展、保障未来发展统一起来，在古城内不再新增工业、仓储用地，不准新建水塔、烟囱、电视塔、微波塔等构筑物，不再新建医院、学校及行政办公楼，现有的不得扩大，古城内不得破坏水陆双棋盘格局，并严格限制道路宽度。重点发展旅游商业等第三产业，使古城区在文化旅游和经济发展中找到了恰当的平衡。着力发展东西两翼，形成70平方公里的工业住宅聚集的工业园区和以工业、居住和生态旅游为主的高新区。保持各功能区合理配置苏州利用山水景观资源富饶的有利条件，按规划落实生态区保护、污染源管理、污染总量控制，加强管理和监督水资源开发利用、河湖水域和湿地保护、水产养殖控制、水资源调度，保证水源涵养区有足够的清水补充，湖岸山地统一纳入水源涵养区严格保护，工业、农业、生活污水排放得到有效控制。大做水面湿地文章，围绕境内大小 323 个湖泊，2 万多条河道，已建成常熟尚湖等 3 个国家级城市湿地公园，太湖国家度假区湖滨湿地公园等 2 个国家级湿地公园，苏州太湖湿地公园等 5 个省级湿地公园，正努力建成全国最大的"城市湿地群"。对市区福星、娄江、城东污水处理厂实施了以除磷脱氮为主要内容的提标改造工程，改善和保护太湖流域水环境。

3. 加大环保投入，加强综合防治水和大气污染

苏州市突出饮用水源保护和水环境治理两大主题，加大节能减排力度，实施大气、水、噪声、固体污染物等防治责任制和奖罚制度，形成比较健全的政府环境保护绩效评估体系。并全面保障环保行政和事业经费支出，将环保行政管理、监察、监测、信息、宣教、科研等领域的人员经费、办公经费、监督执法经费、仪器设备购置运行经费等纳入同级财政预算。在环保方面，首先是节能减排。多年来苏州不断创新思路，加大投入，将节能减排作为调整产业结构、转变增长方式和改善生态环境的重要举措，坚持工程减排、结构减排、管理减排相结合，着力推进减排体系建设。"十一五"期间，全市净削减 COD 2.77 万吨，SO_2 9.43 万吨，均提前一年完成"十一五"减排任务。"十二五"提出要实施 235 项环境保护重点工程，带动全市的污染治理和生态保护工作。重点工程分转型升级及低碳经济示范项目、总量控制、水环境保护、大气环境保护、固体废物污染防治、核与辐射安全监控、土壤污染防治、农村环境综合整治、生态环境保护工程、环境监管能力建设 10 个部分工程。其次是水环境治理，以"碧水"工程为目标，从清淤、截污、活水、保持四个环节着手，苏州出台了太湖水污染防治工作方案，精心组织、密切配合、标本兼治、科学实施、落实责任、长效管理，开展水源地集中整治，修编实施太湖蓝藻防治应对预案，实现几大自来水管线全市联网，确保供水安全。最后是大气环境治理，启动蓝天工程。截至 2010 年年底，全市已淘汰燃煤设施 756 台，拆除城区烟囱 45 根，清洁能源使用率近 93%，禁燃区面积扩展到 650 平方公里。整治冒黑烟公交车，对高污染排放汽车实行限行、淘汰、转出、报废 3 万

多辆。2010 年苏州市环境空气优良以上天数达到了 29 天，比 2009 年多 9 天。[144]

四、克拉玛依：环境脆弱工业聚集的生态城市

（一）表现

克拉玛依市位于中国西北边陲，是新疆维吾尔自治区下辖的地级市，东南距首府乌鲁木齐市 300 公里。市域面积 9500 平方公里，2010 年年底人口总数 42 万人，2011 年 GDP 达 801.69 亿元。其中所属的克拉玛依区面积为 5620 平方公里。由于地处新疆准噶尔盆地西北缘，亚欧大陆腹地，远离海洋，因此属于典型的大陆性干旱气候。区域气候干燥，全年少雨，多年平均降水量约为 106 毫米，而年蒸发量却高达 3545 毫米，生态环境十分脆弱。克拉玛依则基于恶劣的自然环境现实，通过雄厚的财政投入，以引水工程为契机，建设新生态系统，分层次全面改善克拉玛依生态环境。

近年来，克拉玛依市以创建国家生态区为目标，在环境综合整治和城区环境基础设施方面先后开展了一系列建设，极大地改善了城市环境面貌和城市生态环境。目前，克拉玛依市城区绿化覆盖率达到 42.41%；自然保护区、林地封育面积占全区总面积的 21.14%，森林覆盖率达到 23.72%；克拉玛依区空气环境质量优良天数达 99.34%，达到优和良的天数分别为 93 天和 210 天，占总天数的 30.49% 和 68.85%；通过中水治理和利用，生活垃圾、医疗垃圾和城市污水处理率达到 100%，水环境质量达标率为 100%，烟尘排放达标率始终保持在 100%，工业污染源二氧化硫排放达标率达 100%，主要污染物排放得到有效控制；53 个社区和 29 个学校全部建成绿色社区和绿色学校；形成了大量芦苇田和天然湿地；城市年降水量也从 10 年前的每年仅 100 毫升增加为 200 毫升。根据国家环境保护部发布的 2013 年第 2 号公告，克拉玛依市克拉玛依区创建生态区工作经环保部考核、公示、审定，达到国家生态建设示范区之国家生态市（区、县）考核指标要求，被环境保护部正式授予"国

家生态区"称号，克拉玛依是新疆唯一获此殊荣的区。目前，西北地区只有两个地方获得命名。还先后荣获"国家环境保护模范城市""新疆落实环境保护目标责任书优秀城区""新疆园林城区"等荣誉称号。

（二）做法[141]

面对生态环境脆弱、气候恶劣的条件，为把克拉玛依市建成社会、经济、生态协调发展的节约型社会、和谐型社会和绿色型社会，克拉玛依市政府主要以引水工程为契机，建设新生态系统。即从远郊国土生态保护、城郊生态环境建设、城市绿化环境建设三个层次全面改善克拉玛依生态环境。实施生态建设、生态恢复、生态保护工程，逐渐实现生态良性发展。

1. 远郊国土自然生态保护与恢复

克拉玛依市以生态建设、生态保护、生态恢复为主要内容，着力改善恢复生态环境，构建远郊生态圈。通过制定地方保护法规，重点保护7个自然生态保护区：位于小拐、中拐的玛依格勒自然保护区，重点保护胡杨、梭梭、怪柳等荒漠植被及200多种草本植物、400多种野生动物等；位于中心城区西部的西部戈壁风景区，重点保护阿依库勒水库、景区、戈壁景观；位于乌尔禾的魔鬼城风景名胜区，重点保护雅丹地貌、古生物化石、地质奇观；位于艾里克湖的艾里克湖湿地保护区，重点保护湖及周围湿地；位于白杨河流域的白杨河流域胡杨林保护区，重点保护天然胡杨林；位于乌尔禾西南的大草甸自然保护区，重点保护草甸景观；位于白碱滩区东部的白碱滩东苇地自然保护区，重点保护芦苇、野生动物、湿地。促进保护区生态的恢复，加强生态保护区的土地管理和地下水资源的开发管理。2001年以来，克拉玛依市每年向艾里克湖进水 0.5×10^8 立方米，使白杨河—艾里克湖自然景观得到恢复。荒漠灌木林对地处沙漠边缘的克拉玛依市具有重要的意义，是固定流沙、遏制沙源、防止就地起沙和扬尘的"沙漠卫士"。因此，克拉玛依市对建城区外围的胡杨、梭梭、怪柳等荒漠植被采取人工管护、围栏等形式进行保护，并建立胡杨、梭梭和怪柳荒漠植被保护区，目前，已有效管护荒漠植被 100000 平方公倾，形成一道天然荒漠植被绿色生态屏障。

2. 城郊生态环境建设

克拉玛依市以防风林、人工生态林体系建设为主要内容，着力打造近郊生态圈绿色屏障。通过城郊绿化，在市周围形成较大的绿化隔离林带，阻挡风沙，并和市中心的绿化连成一体，形成城市绿化体系。不断加强对城市周边荒漠植被的保护，加强对非法乱开荒地行为的治理。重点建成克拉玛依市 6700 平方公倾人工生态减排林，在城市与古尔班通古特沙漠之间营造了一个绿色屏障，防风固沙，遏制土地沙化进度，改善克拉玛依人居环境。完成了以新疆杨、俄罗斯杨为主栽树种的减排林和以白蜡、紫穗槐为主的生物隔离带林建设，建立起克拉玛依城市与盆地沙漠之间的绿色屏障，发挥着阻风滞沙、调节温度、涵养水源等作用，生态、社会效益有目共睹，并带来一定的经济效益。并建立环绕城市的城郊森林带。

3. 城市生态环境建设

市区生态圈以城区绿化、净化、美化、硬化、亮化为主要内容，全面推进家园建设。大力开展城区绿化工程，以种树为主，种草、种花，改善市民的生活和居住环境。近年来，全市建成区绿地率每年都以 3 个百分点快速增长。在主要景点景区、沿街道路、小区等场所种植不同季节开花的植物，在种植结构方面，坚持以乔、灌木为主，建成总量适宜、分布合理、植物多样、景观优美的城市绿化系统。还大力推广攀援植物研究成果，形成了一批立体绿化景观。另外，在克拉玛依区、白碱滩区西北部各规划营造一条宽 10 千米，长 400～700 米，面积为 2000 平方公倾的"U"形城市周边生态防护林。在城市及其周边形成了第三道人工景观绿色生态屏障，调节改善市区空气含氧量、气温、含尘量。以居民小区绿化为基础，全面完成了老城区 53 个小区环境改造，构筑城市人居优良小环境。

4. 积极调整和优化经济结构

2003 年以来，克拉玛依市积极调整和优化经济结构，确定了

"重点发展第三产业，稳步发展第二产业，加快发展第一产业"的定位，单位 GDP 能耗逐年下降。目前，克拉玛依区化学需氧量排放强度从 2003 年的 3.23 千克/万元，下降到 2012 年的 0.41 千克/万元；二氧化硫排放强度从 2003 年的 0.32 千克/万元下降到 2012 年的 0.19 千克/万元，使环境质量改善走向良性循环轨道。

（三）经验

1. 领导重视

在条件艰苦的克拉玛依市建设生态城市，没有党和政府的坚强领导是难以想象的。克拉玛依市人民政府成立了由市长任组长、主管副市长为常务副组长的克拉玛依市可持续发展实验区建设领导小组，通过加强领导、强化协调，建立起有效的工作机制，确保相关工作的有序进行。认真落实党政一把手负责制，市长每年都与各区政府、市政府各相关部门签订环保目标责任书，与重点企业签订污染减排责任书，将目标任务层层分解到各个责任主体。各区政府和相关部门也健全了党政领导负总责、主管部门组织协调、相关部门分工协作的环境保护工作机制。形成"三个结合"的工作机制：把可持续发展实验区建设工作与建设现代化城市结合起来；把实验区建设的总体规划与克拉玛依市发展规划有机结合起来；把实验区建设的重大关键项目与市人民政府、驻市石油石化企业的重点建设项目有机结合起来，使可持续发展实验区各项工作落到实处，抓出成效，见到实效，惠及全市各族人民。

2. 规划引领

区政府做出了创建"国家生态精品城区"的战略决策，2004 年正式向国家和新疆维吾尔自治区申报创建"国家生态精品城区"的申请。2005 年，编制《克拉玛依市克拉玛依区生态区建设规划》，2006 年对其进行技术评估并顺利通过。《克拉玛依市克拉玛依区生态区建设规划》成为开展"国家生态精品城区"建设的纲领性文件和重要依据。并先后出台了《关于建设节约型社会发展循环经济的意见》《关于进一步加强城市管理工作的意见》《克拉玛依市餐饮业环境保护管理暂行规定》《关于开展"关注民生年"活动的指导意见》等多个涉及环境保护工作的规范性和指导性文件，加强了国家相关环保法规、条文的贯彻执行。

3. 保障投入

克拉玛依区是人类在荒芜的戈壁滩上，克服重重困难，战胜恶劣的自然条件后建设而成的。近年来，克拉玛依市在城市环境基础设施建设和环境综合治理方面加大了投入力度。截至 2012 年，累计投入 108.40 亿元，相继完成了大批环境保护、污染治理和环境基础建设项目，全力实施污染减排，奋力推进企业治污，着力改善环境质量，大力实施环境保护建设。克拉玛依丰富的油气资源为城市的发展和生态建设提供了最有力的物质条件。同时，克拉玛依区现有土地面积约 635 万亩，未被利用的土地面积达 174 万亩，土地可开发利用潜力巨大，也为城市生态保护和环境建设提供了有利条件。

五、案例总结

（一）要选择适宜的模式

发展生态城市的道路不是唯一的，有很多方式可循，各地区要根据自身的优劣势，寻找适合自身发展、嵌入地方特色的模式。贵阳的循环经济生态城市，正在建设的苏州西部生态城发展模式都是在对自身的条件做了仔细分析之后得出的，有其客观性，可实施性也很强。所以，我们应该遵循客观经济规律选择发展模式，而不能照搬照抄。例如，贵阳作为西部欠发达城市，把解决民生问题摆在突出位置，每年财政支出中涉及民生的占 50% 以上。

（二）全面建设生态城市

生态城市在我国只能说刚刚起步，人们对于这一概念的理解也难免会肤浅、片面。很多的城市为了强调自己在城市环境保护和生态建设方面取得的成就，宣称污水处理率和环境污染无害化处理率达到 100%，但实际情况却相差甚远。而且，这其实只是生态城市建设的环境因子中的一个指标，所以并不能真正地说明问题。有些地区只注重环境保护方面，花大力气在绿地建设方面，混淆了生态城市与园林城市、绿色城市的区别，而芜湖和贵阳在这方面做得很好。芜湖基于城市自身自然特色，提出建设水生态文明建设，不断加大水利投入，加强水资源节约、保护力度，积极完善防洪排涝体系，水生态修复和水环境治理工作不断深入。把生态环境目标和经济社会发展目标结合起来，在招商引资、城市绿化、城市管理、基础设施建设、资源的回收利用等方面都做了有益的尝试，并且效果显著。贵阳则注重工业、农业的循环系统建设，而且也在生态消费转型方面下足了功夫。可见，生态城市的建设是一个经济—社会—环境协调发展的过程，不能片面地发展某一方面，否则就会使所谓的"生态城市"走了样。必须依靠科技进步，通过新能源、新材料的推广运用，发展循环经济，提高资源利用率等各种手段，建设生态农业，发展生态型第三产业，确保资源的再生速度大于资源的耗竭速度，生态压力不超过生态承载力，全面提高生态风险抵御能力，促进社会、经济、资源、环境和现代化建设的全面、协调和可持续发展。

（三）以提高生态能力建设为重点

生态城市建设是生态能力建设持续提高的过程。生态能力建设远比治理环境污染、保护自然环境等单一问题要复杂得多。贵阳农业生态化和工业生态化的调整就是以提高生态城市能力为目的，是一种治标又治本的长期行为。生态能力建设要用先进适用技术和高新技术改造提升传统产业。要实行经济结构战略性调整，把依靠投入和项目拉动经济发展转到依靠科技进步和提高劳动者素质推动经济发展上来。要着力发展现代农业，进一步发展现代工业，加快发展第三产业。要不断提高第一产业和第三产业在国民经济中的比重，要逐渐降低第二产业在国民经济中的比重。生态能力建设要大力发展生态农业，推广绿色农业、节水农业、清洁农业，要充分发挥人力资源在经济发展中的决定性作用。生态能力建设要着力增强企业核心竞争力和城市核心竞争力。生态能力建设就是要解决生态意识薄弱、生态观念淡漠、生态道德水准下降等深层次的生态冲突，实现从消极的生态环境保护到积极的生态建设，是生态城市建设行为质的飞跃。这种被动变主动的行为方式，改变了人类与自然，人类与城市的关系。芜湖、贵阳、苏州均重视居民在生态文明城市构建中的作用。

（四）注重生态城市建设规划和城市设计

芜湖、贵阳和苏州在生态城市建设前，都制订了详细的生态城市建设规划，在城市原有规划基础上，按照城市生态学的原理和生态城市的基本原则对原有规划重新进行了调整和编制。加强对城市自然生态的保护，包括水、土壤、大气等各种自然要素的保护、自然景观的保护、生物多样性保护和城市自然生态系统的构建。充分利用所在区域的自然因子，可以依山傍水，利用自然森林、河流、湿地进行建设，充分保护这些自然要素发挥其生态服务功能。丰富的生物多样性是生态城市的重要标志，通过规划、重建和维护适宜的生物种群或群落结构，恢复健康的生态过程，提高城市生态系统自我维持、自我更新、抗干扰的能力。合理确定城市功能、规模和布局，形成良好的产业布局，提升城市生态环境的自净能力，提升整个城市的生态水平等。另外，还充分认识到城市设计的重要性，城市管理者需要坚持可持续发展的原则，精心设计城市这个"大家"。

（五）构建科学合理有效投入机制

生态建设作为一项社会经济可持续发展的社会公益性事业，具有耗资巨大、投资回收期长、经济效益不稳定、投资退出难等特点，如果依靠市场机制调节会造成生态环境产品供给严重不足和生态环境的恶化。必须发挥政府财政在生态建设投入中的主导作用，但如果单靠地方财政资金的投入必然无法满足生态城市建设需要。因此，有必要建立稳定的生态城市建设筹资机制。芜湖、贵阳、苏州、克拉玛依等城市通过加大财政投入、调整利益格局、调动各方积极因素，通过长期的努力，方达致预期目标。因此，在生态城市建设中，应该采用多种手段多发筹资，进而推进生态城市建设。

1. 建立强制性量化财政投入标准

地方各级政府应该提高生态文明建设意识，根据地方环境污染状况和生态城市建设目标，根据生态建设、保护和治理的区域差异和财政实力，确定每年财政生态资金投入占地方可用财力的最低比例，通过强制性的量化财政投入标准提高财政生态治理负担，特别是避免出现环境为发展让路的现象发生。

2. 建立统一的生态保护建设专项资金

整合分散在各个部门的涉及生态保护、建设的专项资金，设立统一的生态保护建设专项资金，制定统一的资金管理办法，提高资金使用效率，依托统一的生态保护、恢复规划，统一预算安排，加强绩效考核。

3. 健全政府、企业、公众共同参与新机制

通过健全政府、企业、公众共同参与新机制，解决由政府包办生态环境建设保护所带来的投入不足和衍生负担过重问题。芜湖、贵阳、苏州、克拉玛依等城市在污水处理厂建设、垃圾焚烧处理厂建设等方面积极引导社会资本参与建设，取得了一定的经验和实效。

第十章 政策建议

促进中国新型城镇化与生态环境协调发展是一项既具有紧迫性，又具有长期性和系统性的行动，中国向新型城镇化迈进面临诸多难题，城市开发规模庞大、建设速度过快，带来的日益增长的能源需求和日益紧缺的土地资源、环境污染和气候变化，以及不断加剧的社会矛盾等诸多问题，正考量着管理者的智慧。解决新问题，既要面对城市人口比重不断提高的客观事实，又要突出城市资源集约利用、产业结构优化、消费水平提升、文明持续发展扩散、市民综合素质全面提高的新时期城镇化发展要求，更要推动农村人口城镇化和城市现代化的协调发展和融合。推行区域生态规划制度、推进区域循环经济发展并促进清洁生产、转变政府职能并合理利用市场机制、增强民众的"生态优先"发展意识是实施生态优先发展模式的重要举措。这就要求我们必须以科学的发展观为指导，需要与建设资源节约型、环境友好型社会结合起来，努力营造有利于城市化与生态环境协调发展的体制环境、政策环境和市场环境，以此协调两者的相互关系。

一、实施环境集约型的城市化战略

1. 确定集中式的城市化模式

现阶段，中国经济已经进入到城市化加速发展阶段，而快速的城市化进程已经对我国生态环境产生了巨大的压力，中国城市人口的快速增长与集聚严重超过了生态环境的承载力，城镇化与生态环境之间的不相适应的关系已经体现得非常明显。随着城镇化进程的加快，在农村居民转变为城镇市民的过程中，将带来能源、水资源、土地资源消耗和污染物排放大幅度增加，这在一定程度上将加剧节能减排的艰巨性，带来环境保护的更大压力。据清华大学中国与世界研究中心的研究，影响国民经济的能耗或者是二氧化碳排放量最重要的因素就是城市的发展。在中国未来的整个发展过程中，城市的发展还将起着巨大的作用，但经济社会发展与生态环境间的矛盾日趋尖锐。因此，亟须探索一条新型工业化、城市化发展之路解决发展与环保之间的矛盾问题。坚持集约型的城市化发展方向是实现城市可持续发展、创建良好生态环境的一条重要途径。中国的城市化需要走的是一条是保护生态环境、集约发展的道路。选择集中式的城市发展模式可以提高资源的效率，降低资源的消费量，从而减轻污染物的排放。在实现对于资源优质利用的基础上，最大限度地减少污染物的排放，对于建设一个生态环境优良、可持续发展的生态城市来说是一个最优的选择。

从竞争优势来看，集中式的城市化模式有助于建设节地、节水、节能的集约型城镇，最大限度地以低消耗和社会效益提高城镇综合承载能力，实现规模经济的良好收效，摆脱传统的发展方式和消费模式下带来的环境污染问题。在选择集中式的城市化发展模式的具体实际操作过程中，首先要明确的一个问题就是要立足于中国东、中、西部地区经济发展不平衡这一现实基础，在此之上统筹考虑如何创建城市发展与生态环境协调发展的均衡格局。在实现城市可持续发展的过程中，相关政策措施的制定与实施要始终围绕以优质利用资源、提升资源利用效率、节能降耗为核心，合理布局产业，优化产业结构，吸收先进的环保技术与经验，加大自主创新。政府还要发挥财政、税收、金融、价格、投资等经济手段对市场进行调节和调控，创造良好的城市经济发展环境，维护城市经济发展的正确方向，促进城市经济的可持续发展，实现区域之间环保工作的协调、统一，从而使整体的发展更为科学化、系统化。

总体来看，集中式城市发展模式的选择在节约资源、能源消耗、保护生态环境等方面均具备明显的优势。与科技含量高、经济效益好、资源消耗低、环境污染少、人力资源优势得到充分发挥的新型工业化道路更相适应。当然，集中式的城市化模式也会存在环境污染、生态恶化等问题，只是在集中式的城市化情景中，生态环境给予发展的压力还不过于强烈，集中式的城市化模式在一定程度上有助于缓解这些主要的压力。同时，我们也应该认识到，城镇化是一个复杂的系统工程，面临社会、经济、资源环境等诸多矛盾和问题。目前我国很多地方对城镇化发展并没有做到系统思考和全盘考虑，受到种种因素的制约，生态城市的构建更多只停留在口头上，往往为了政绩和面子形象，而急功近利、急于求成，而且千篇一律。在城镇化发展过程中，许多城市还是过多地重视城市的经济和社会功能，忽视了自身存在的文化底蕴和内涵，没有深入挖掘自身的优势和选择适合自身特点的发展模式，创新性有待提高。

2. 促进人口资源向人力资本转变。

中国是世界人口大国，未来的城市人口中，城市外来人口比例将迅猛增长。今后 20 年，70% 的城市人口增长会是移民，在 2025 年前，3.5 亿新增人口中，2.4 亿是流动人口。2030 年中国的城市人口预计将达到 10 亿。城市化进程中一要在数量上将农民转变为市民，实现土地城镇化与人口城镇化的匹配；二要将农民的素质与积聚财富的能力提高到一个新的水平，因此，将庞大的人口资源转变为更加有效的人力资本，是实现城市集约发展道路这一本质要务的基本前提。

相关的研究表明，中国目前城市成长与创新和人力资本的提升还没有多少关系，如何进一步转向创新驱动，将是事关未来发展非常关键的一个因素。未来 5～10 年，我国土地资源的稀缺性将更加凸显，人口红利将逐渐消失，再走以规模扩张为导向的传统城镇化路，将越走越窄，迫切需要转型和改革。为实现城市化与生态环境的协调发展，全面提高城市居民的环境意识，在全社会形成自觉保护生态环境的风尚，需要把提高人口素质放在首要位置，实施科教兴国战略，需要加强多种形式的文化教育和职业教育，优先投资于人的全面发展，稳定低生育水平，提高人口素质，改善人口结构，引导人口合理分布，保障人口安全；实现人口大国向人力资本强国的转变，实现人口与经济社会资源环境的协调和可持续发展，提高全民族的文化素质，促进我国由人口资源大国向人力资本强国转变。集中式的城市化将具备使最熟练的劳动力集中在中心城市的优势，高素质的人才向大中城市流动不仅可以影响城市中的产业布局，同时，人力资本作为一项重要的、极具生产潜力的资源也是资源环境等生产要素的有效替代品，改变着生产活动中的生产要素的结构，使中国经济更快地向高附加值活动发展，而且在一定程度上有助于缓解由于落后生产方式和产业结构所带来的生态环境压力。

建立一个开放型、创新型、竞争型、复合型的高素质人才群体，真正做到由人口资源向人力资本的转变，才能有效地适应市场，在激烈的市场竞争中立于不败之地。确定人口发展战略，必须既着眼于人口本身的问题，又处理好人口与经济社会资源环境之间的相互关系。从制度氛围上看，要创建有利于发挥人力资本优势的经济体制和社会文化环境。具体来看，①加强基础教育，增加基础教育投入，改善办学条件，提高师资水平，解决城乡之间、区域之间基础教育投入不平衡、不公平问题；②建立合理的职业技术教育体系，全面提升劳动者的文化素质和职业技能，从而为产业结构转型提供智力基础；③逐步建立多形式、多层次、多渠道办学的教育体制。建立激励机制和竞争机制，如此可以调动社会劳动者提高自身素质的主观愿望和发挥创造力的积极性，形成教育、人力资源开发、城市化可持续发展的良性循环。统筹好教育的规模、质量、结构和效益的关系，统筹好人才培养、科技创新和社会服务的关系，统筹好教育的改革、发展和稳定的关系。实行有效的分配激励机制，贯彻按劳分配与按生产要素分配相结合，效率优先、兼顾公平，重实绩、重贡献，向优秀人才倾斜，建立以考核结果为依据的分配制度，激发人才的潜能。需要采取各种措施，发展在职教育，不断开展人才的岗位培训。培训要坚持学以致用、按需施教、注重实效的原则，注重能力的培养和提高，提高从业人员的整体素质，始终将人力资源放在非常重要的位置。此外，摒弃中国传统文化中某些不利于人潜能发挥的评价标准和落后习俗，如能上不能下、论资排辈等，努力营造宽松、自由、兼收并蓄、鼓励个性发展和创造的文化氛围，从而焕发人力资本的价值，为高新技术产业的发展做出创造性的贡献。

3. 树立生态文明的理念

如何将生态文明理念和原则融入城镇化的全过程，李克强同志很有针对性地指出，城镇化不是简单的城市人口比例增加和面积扩张，而是要在产业支撑、人居环境、社会保障、生活方式等方面实现由乡到城的转变。

资源和环境关系到我国经济和社会的发展。实现全面建设小康社会的奋斗目标，需要良好的生态环境和充足的自然资源做保证。而目前我国生态环境和自然资源状况已构成制约我国经济和社会发展的主要"瓶颈"。必须摒弃以牺牲资源和环境为代价来换取经济暂时繁荣的不文明、不科学、不合理的经济发展模式，把生态理念贯彻到经济发展、社会生活的方方面面，制定城市生态化发展的政策，加强生态立法，设立城市生态化发展的管理机构，以生态城市规划的原则进行生态城市设计、建设和管理，创建生态和谐、环境优美、物能流顺畅、功能完备的城市，增加城市的魅力。建设生态城市不仅需要实现生产方式和生活方式的转变，也不仅需要运用经济的和法律的手段，而且需要诉诸思想观念的转变，树立生态文明新理念。

一是政府主体的生态文明理念塑造。从政府抓起是树立生态文明理念的关键。必须强化政府环境治理职能，将生态文明理念渗透到政府决策的每一个环节；完善政府经济社会发展评价体系，把资源消耗、环境损害、生态效益纳入经济社会发展评价体系，建立体现生态文明要求的目标体系、考核办法和奖惩机制，纳入政绩考核范围；强化政府引导功能，通过制定环境标准，加强环境管理，出台鼓励低消耗、低污染的产业政策，加大产业结构调整，引导企业和社会力量参与环境保护。全面大力实施生态文明建设战略，将生态文明建设融入建设的各方面和全过程。

二是企业主体的生态文明理念塑造。在市场经济条件下，效益取向是企业的本质。能否使企业树立起生态文明理念，关键在于生态文明建设能否给企业带来直接的经济利益。因此，必须建立起生态文明建设的激励机制，从生态文明建设的经济价值着手，以推进生态产业化、产业生态化为载体，让企业充分认识到生态文明建设不仅是社会发展的要求，更是企业增强竞争能力的必然选择，从而自觉树立起科学的生态文明理念。

三是公众主体的生态文明理念塑造。一方面，通过多种方式、多种途径对社会成员广泛开展建设生态文明教育，增强公众的生态文明理念；另一方面，在全体社会成员中倡导绿色消费、低碳消费，使之成为消费首选。同时，加强与生态文明理念相符的消费文化建设，为绿色消费、低碳消费提供文化支撑。

二、建立健全生态环境产权制度

从环境经济学的视角看，生态环境问题的根源在于生态环境作为公共产品存在产权缺失问题和由其带来的外部性问题。一般而言，如果能够清晰地界定产权，那么就可以改变生态环境的公有资源性质，通过市场有效地组织经济活动，实现生态环境的优化配置，达到帕累托最优。然而，现实的情况是中国生态环境这项资产的产权还未能够清晰地得以界定，由于产权制度化的缺失，所以生态环境成为了"共同财产""自由物品"，不存在一个市场的价格。这就意味着生产者无须付出代价就可使用生态环境这项资产，环境成本无法内化于工业化生产的生产成本中，出现了市场失灵。目前，我国在解决生态环境利用中的外部性和"公有资源"的问题时，基本上是在政府主导的环境管理体制框架下进行的，如排污行政许可制度、排污收费和排污权交易制度等。但是，这种框架下存在环境管理体制不顺，多头交叉，互相牵制，行政成本过高的缺陷，在有效解决环境问题方面存在着严重的问题，出现了"政府失灵"。因此，从长远来看，城市化进程中生态环境问题的解决单纯依靠指令性控制或者单纯依靠排污收费都是不够的，必须要在清晰界定产权的基础上建立适合我国国情、各地资源禀赋、可交易的生态环境产权制度，这样就既能降低污染控制的总成本，又能调动污染者治污的积极性。

资源环境产权是指行为主体对某一资源环境拥有的所有、使用、占有、处分及收益等各种权利的集合，它具有整体性、公共性、广泛性等特征。一般情况下，政府作为公众的代理人，履行管理、利用和分配资源环境的权利，以最大限度地保证自然生态环境的良性循环和公平分配。从产权效率的角度考虑，资源与生态环境产权制度比完全的公有产权或私有产权具有更大的弹性。政府作为公有产权所有权主体，只需从法律角度修改法律规范中有关总体维护经济主体私有产权方面的内容，保证对资源与生态环境产权具有一定程度的控制，而不必对单独的资源与生态环境产权进行逐一的保护。[145]李国柱（2007）认为，只有实行环境保护市场化，才能提高环境保护的效率。环境保护市场化的实质是通过市场使外部性内在化，而外部性内在化的关键是产权制度。因为明确产权可以解决责任问题，有利于经济主体激励机制与约束机制的建立，可以约束污染企业排污，并激励污染企业改进技术或进行产业转型。[39]

一般而言，市场经济制度可以引导资源的最佳配置，而市场制度建立在交换的基础上。所谓交换，实质就是所有权的交换，因此，明确生态环境产权非常重要。基于上述分析，在我国城市化快速发展进程中，传统的集权式的资源配置方式，使得经济发展只能依赖于以资源的高消耗为基础的外延增长方式。生态环境污染问题产生的根源在于生态环境作为公有资源存在着所有权的缺失情形，即产权的缺失。假若产权制度被清晰地界定并被严格制度化，同时获得法律的保护，那么就可以改变生态环境的公有资源性质，通过市场有效地组织经济活动，实现生态环境的优化配置。在目前我国城市化快速发展进程中，不改变现存的廉价或无偿的生态环境使用制度，城市化与生态环境的协调发展就难以实现。实现城市化与生态环境协调发展依赖于以产权制度为基础的高效率的环境资源配置方式。

资源与生态环境产权交易主要是指资源环境产权所有人通过特定合法的产权运作，利用产权而获得等价收益的过程。构成资源与生态环境产权交易体系最基本的要素有：资源与生态环境产权交易市场竞争要素、资源与生态环境产权交易市场供求要素、资源与生态环境产权交易市场价格要素。

创建环境产权制度需要从以下几个方面着手：

（1）有必要加强界定环境产权的受益方和受损方权利主体工作。按照科斯定理的理论，对于公共品所属的权利主体需要存在一个清晰的界定，而不论其主体是排污者还是受害者。因此在实际中，若想通过市场机制达到解决问题的最优方案，就需要对权力主体有一个清晰的界定。资源环境问题产生的根源就在于资源环境没有被作为生产要素并界定其产权，致使资源环境的价格没有正确反映资源环境的稀缺程度，导致市场对资源环境的配置失灵。因此，解决资源环境问题的最有效办法就是明确界定资源环境的产权，通过对资源环境的合理定价和有偿使用，使市场价格能有效地反映资源的稀缺程度，实现资源环境的有效配置。包括对发达地区对不发达地区、城市对乡村、富裕人群对贫困人群、下游对上游、两高产业对环保产业进行产权体系的各种权利的分配，明确份额，以实现全国区域保护生态环境的公平性原则。十八大三中全会就提出要对水流、森林、山岭、草原、荒地、滩涂等自然生态空间进行统一确权登记，形成归属清晰、权责明确、监管有效的自然资源资产产权制度。

（2）改革廉价的环境使用制度。廉价的环境使用制度，实际上已导致了企业造成的环境污染成本被"社会化"或"外部化"，企业缺乏珍惜环境的内在压力和动力，尽管政府环境保护的投入逐年增加，但企业造成的污染却没有得到根本遏制，环境质量没有得到显著改善。廉价或无偿的环境使用制度所造成的环境污染却需要国家大量的财政支出为其"埋单"。因此，需要将环境的真实成本纳入企业的生产成本中去，比如环境污染物的处置成本和环境监测成本等。推进环境有偿使用制度改革，努力构建环境保护新机制。目前，企业的财务会计核算体系中，已经将生态恢复成本纳入到初期的产品成本中，这不能不说是一个进步，未来仍需进行更为有益的探索。

（3）建立严格的环境产权的保护奖惩机制。建立"生态环境补偿机制"和相关处罚制度，要对受益地区推行使用者付费与破坏性赔偿制度，凡是对环境造成损害的地区、企业或者个人，谁也不能随意无偿享受生态环境。

（4）做好与创建生态环境产权制度的协调配套工作：一是加快经济结构调整，转变发展方式。对于冶金、化工、建材等高耗能的重化工业，需要逐步控制产能，遏制地方发展重化工业的强烈冲动，同时积极发展探索一批新型的节能环保产业。二是建立法律法规基础，提供充分政策依据。资源环境产权制度的建立需要市场和政府的共同作用，政府"有形之手"与市场"无形之手"结合可以实现资源环境的最佳配置。政府的作用应该是通过建立资源环境的产权规则，来完善环境资源市场，通过立法并用法律保证对所交易的资源环境给予清晰的初始产权界定，使资源环境的产权能在此基础上通过市场进行转移、重组和优化。在资源环境产权界定清晰的情况下，市场利用价格机制，确定如何在众多提出权利要求的人之间合理配置日益稀缺的资源环境。环境产权制度的确立需要针对排污权交易和有偿使用的具体政策和法律依据，从而有利于明确各方的交易地位，规范排污权的分配等。三是加强公民参与。应采取措施增强全体公民节约资源和生态文明的观念，倡导适度消费观念，建立可持续的消费模式。鼓励并发动公众及社会公益组织积极参与有关节约型社会建设，包括发动 NGO 等组织参与，这是资源节约型、环境友好型社会建设的力量所在。

三、大力发展低碳经济

随着我国经济社会的快速发展，资源和生态环境的瓶颈约束效应日益凸显，发展低碳循环经济，以可再生资源替代不可再生资源已成为重大战略取向。新型城镇化的建设与发展，需要能源、资源、建筑、环保、加工制造等领域的技术变革与科技创新，与理念、技术、产业升级的新型工业化相结合，走出传统意义上社会发展与能源、资源消耗保持正向关系的"死胡同"。我国目前的工业化还没有完成，城市化仍在加速，城市基础设施建设所需的原材料依赖于冶金、化工、建材等高耗能的重化工业的发展。如果过度扩张，这些产业目前的能源消耗所产生的二氧化碳、二氧化硫、废水、废渣等污染物排放将会对节能减排任务产生影响，给国家的环境安全带来威胁。但是，如果单纯地、一味地打压缩小第二产业所占的比重，既不符合我国当前的基本国情（人口数量众多涉及就业问题），也不利于我国未来的经济发展进程。因此，要加快淘汰落后产能，提高能源利用效率。大力推进传统产业的节能环保和资源循环利用，修订企业投资项目核准目录，将焦炭、电石、铁合金等高耗能、高排放行业项目由备案改为核准，提高相关行业准入标准，将碳排放和环境污染审核与生产许可证发放联动，严格限制外商投资高耗能、高排放项目。应以发展低碳经济为契机，优化产业结构，建立高效率低能耗的产业结构，加快建立三产配比合理的低碳产业体系，通过产业结构调整体现低碳产业政策导向。我们要通过政府、企业以及公众三方面的共同努力，控制重工业的增长速度，同时逐步调整产业结构，发展低碳经济。

发展低碳经济，还可以采用以下手段：一是提高能源效率。在工业化阶段，提高能源效率是减少碳排放最为有效的方式，而且能源效率提高的空间非常大。比如说城市建设中的建筑节能，如果我们效仿欧洲的零排放建筑，在建筑节能这块有很大潜力。二是开发利用可再生能源。中国的可再生能源资源很丰富，商业化的包括太阳能热水器、农村的小沼气，交通领域中的混合动力汽车、电动汽车等，我们在新型城镇化的过程中有必要大力推广使用这些可再生能源。三是引导消费者行为。通过提高消费者的节能意识来加速低碳经济建设进程，这点至关重要。总之，低碳经济不是时髦的概念，可以在新型城镇化的建设过程中落实到现实的行动。要通过经济发展方式的转型、消费方式的转型、能源结构的转型、能源效率的提高，使中国向低碳经济、低碳社会迈进。

四、发展绿色贸易制度

我国对外贸易和隐含污染排放的双重顺差表明国内环境质量的日趋恶化，不仅仅是国内投资和消费需求旺盛的结果，其他国家也通过贸易形式向我国转移了大量的污染排放，造成了"发达国家消费，中国承担污染排放后果"的局面。[146]发达国家通过对污染密集型产品的进口将生产过程中产生的大量污染排放转移到了中国，庞大的贸易规模导致的隐含污染排放"净流入"是相当大的。因此，要平衡好出口贸易与国内生态环境保护的利益关系，需要把可持续发展作为吸引外资的衡量标准，切莫为了寻求短期的局部利益以牺牲环境作为代价。阳玉琼和俞海山（2010）的研究表明，"外向型"模式下出口对环境污染的影响较大，而"内源型"模式下这种关系则较弱，"环境成本转移说"是存在的。因此，随着我国经济实力的增强，国际经济谈判地位的提高，特别是广东等发达省份和地区，在利用与引入外资问题上应该从环境保护角度出发，有选择地吸引环境成本较低的外资企业进入，特别是知识密集型的高新技术产业。[147]煤炭、焦炭、钢铁、电解铝、石油冶炼等行业的初级制成品是我国的优势出口产品，而这些行业又普遍是高能耗和重污染的行业，这些商品贸易发展必然增加我国对能源的需求，导致我国的大气污染进一步加剧。又如制革和印染行业，这两个行业是我国最具优势的出口商品所属的行业，但也是对水污染贡献大的行业。要加快转变对外贸易的增长方式，控制高能耗、高污染的产品出口，鼓励进口先进技术、环境保护设备和国内短缺资源。目前，中国与俄罗斯、美国、日本、欧盟等许多能源消费国和生产国都建立了能源对话与合作机制，在能源开发、利用、技术、环保、可再生能源和新能源等领域加强对话与合作，在能源政策信息数据等方面已开展了广泛的沟通与交流。可以综合运用差别性的关税政策、出口退税政策等手段，引导出口结构向高附加值、污染密集度较低的环境友好型产品转移，限制高污染排放型产品的出口规模，降低高污染密集度产品的出口比重，加快出口贸易从数量扩张型的粗放型增长方式向以质量效益为导向的集约型增长方式转变；进口方面，要引导企业扩大对高耗能、高污染的环境资源型产品的进口，以替代国内生产，充分发挥进口贸易的替代减排效应，减轻国内的环境压力。此外，针对我国目前国内的区域经济的发展特征，要警惕另外一种产业转移，禁止将污染密集型产业由东部发达地区向中西部地区转移。

要坚持绿色贸易制度。绿色贸易制度的本质是，通过改进工艺、改善经营管理、使用对环境友好的替代产品等众多手段，将环境的社会成本内在化。从出口国与进口国的角度来说，建立绿色贸易制度对于生态环境质量都将产生积极的影响。

五、构建城乡一体的全域城市

城镇化通过聚集扩散机制、市场互动机制和统筹协调机制，能够发挥城镇对农村的集聚、扩散、辐射和带动作用，实现城市与农村的良性互动，保护环境。为了构建全域城市化的城市，可以采取以下措施：

1. 以城市群建设为重点

2011 年公布的《全国主体功能区规划》根据不同区域的资源环境承载能力、现有开发密度和发展潜力，将国土空间分为优化开发区域、重点开发区域、限制开发区域和禁止开发区域，确立了未来中国国土空间开发的主要目标和战略格局，并提出了构建"两横三纵"为主体的城市化战略格局。即在优化提升东部沿海城市群的基础上，在中西部一些资源环境承载能力较好的区域，培育形成一批新的城市群，促进经济增长和市场空间由东向西、由南向北拓展，《全国主体功能区规划》的颁布对于推进形成人口、经济和资源环境相协调的国土空间开发格局具有重要意义。

目前，京津冀、长三角、珠三角三大城市群已起形成一定规模，并起到引领区域经济发展作用；但中国区域幅员辽阔，人口、资源远距离流动和配置，既不经济又不安全；有必要以"两横三纵"为重点，即构建以陆桥通道、沿长江通道为两条横轴，以沿海、京哈京广、包昆通道为三条纵轴，在中西部区域、东北部建设一定量级的城市群。推进各城市群建设，形成若干新的大城市群和区域性的城市群，从而突出城市群在推进中西部地区全域城市化过程中的作用。在城市群的建设过程中，既有依靠市场力量，又要发挥政府的扶持、引导作用，科学规划，实施差异化的产业政策，从而做到各城市群相互协调。在这个过程中，应事先做好生态环境、基本农田保护等规划，实施更严格的污染物排放标准和总量控制指标，避免土地被过多占用、水资源过度开发和生态环境压力过大等问题，减少工业化和城镇化对生态环境的影响，努力保护、提高环境质量。

2. 系统规划城乡全域

要依据各城市的实际状况和经济社会发展的目标，在功能延伸与新城的开发建设、城乡产业空间布局、城乡基础设施、城乡公共服务、城乡人口与资源环境、城乡土地利用等方面实现规划一体化。打破城市与农村的界线，用城乡一体化的新思想来构建城市发展的整体框架和市镇布局，用城市规划的方式来规划乡村和小城镇。

3. 分梯度建设全域城市

全域城市化既要积极推进，又不能操之过急。要分布梯度建设。梯度建设全域城市就是要走先城乡发展再逐步走向城乡一体，逐步实现城乡之间从垂直差距向梯度差距再到水平无差距的渐进性转变。城乡一体的全域城市建设要根据各个城市的经济、社会发展水平梯度建设，首先夯实城乡一体的经济基础，在城市发展到一定水平之后，再发挥城市对农村的带动、辐射作用，促使农村社会向城市靠近，然后再逐渐向更深层次的一体化迈进。

4. 多形态推进全域城市

要根据各地的具体情况，多形态推进全域城市建设。比如通过农村集中供暖和供水的建设加速城乡一体；开通城乡公交系统，密切农村和城市的社会经济生活；通过土地集中连片整理、整村推进的方式，提高农业机械化、经营产业化、服务社会化水平等；实施近郊农村城市化，农民就地城市化，实现近郊农村自然对接城市公共服务和基础设施。

5. 多手段建设全域城市

行政手段和市场手段相结合，充分发挥政府、市场、社会组织等不同主体的积极性和能动性。政府在做好顶层制度安排、统筹城乡规划的同时，应积极扶持外出务工人员回乡创业，鼓励扶持产业化龙头企业、农村专业合作经济组织发展农村经济，鼓励社会资本和外资参与农村社会事业建设。

6. 合理居民点分布

现代的城市规划和发展更偏向于"以人为本"理念的实现。人是城市的根本，而城市是人类生活的载体，这一载体的一项重要功能就是为城市人民提供居住休息的地方。《雅典宪章》中指出城市的四大功能是居住、工作、游憩和交通，而其中居住是第一位的。城市居民点占据了城市土地面积很大的一部分，城市居民点的分布是否合理也成为影响城市各方面发展的一个重要因素。城市居民点的分布要尽可能结合城市地形地貌，结合工业、商业布局，如在河谷型城市，居民点只能分布于河谷内，或者进行跨越式扩展，而不可能分布于山上，微观上来看，居民点的分布应该结合工业、商业区的分布做统一的规划和布局。

7. 合理产业选择及布局

从某种意义上讲，选择了什么样的产业，就选择了什么样的生态环境，可见产业选择的重要性。传统的产业选择非常注重特色性，每个地方由于其区位、资源、产业基础、社会文化等的差异，有不同的特色，所以产业的选取应该体现地方特色，尽可能避免雷同，避免产业趋同现象的出现。生态环境脆弱地区在进行城市化发展时，特别要注意尽可能地降低对生态环境的压力，选择适合地方资源禀赋、生态环境影响较小的产业，如特色农业、金融业、服务业、电子产业、生物科技等第三产业，限制对资源和环境依赖度过强的产业，如采掘业等。产业在城市内的布局属于更微观的层面。新中国成立初期我国城市的工业区位于市中心，并与居住区混杂，经过了几十年的发展，如今工业产业更多地位于城市产业园区，有利于形成产业集聚和污染集中处理。这无疑是一种长足的进步，在此基础上，我们应该积极发展更为有效更为高级也更适合生态环境脆弱区的产业布局方式。根据各种产业对生态环境影响的程度，进行合理布局。

8. 健全城乡生态补偿机制

要实现城乡生态融合，我们还必须改变城乡生态不公平的现状，为此必须健全生态补偿机制。生态补偿机制不是城市对乡村的施舍与救济，而是环境成本的真实体现，对城乡双方来讲是共赢的。加快建立健全生态补偿机制，具有十分重要的现实意义，它是构建和谐社会的必然要求，是加强生态环境保护、统筹城乡协调发展的有效途径，也是加快建立和谐社会和全面建设小康社会的必然要求。是对生态脆弱地区为保护生态环境所付出代价的必要回报，也是维护和发展最广大人民群众根本利益的具体体现。环境资源的外部性、生态建设的特殊性、环境保护的迫切性共同决定了建立生态补偿机制的重要性和紧迫性。建立健全生态补偿机制，有利于城乡之间、区域之间的统筹协调，为生态脆弱和经济欠发达地区提供有力的政策支持和稳定的补偿渠道；有利于推进资源环境有偿使用的市场化运作；有利于促进清洁生产，发展循环经济，实现经济增长方式的根本转变；是撬动经济和环境"双赢"的有力杠杆。我国目前尚未建立起健全的城乡生态补偿机制，今后我们应改变"产品高价、资源低价、环境无价"的不合理局面，使环境成本真实化，使农村得到合理的生态补偿（补偿形式可以是现金、粮食以及物质补偿，也可以是技术、开发项目以及政策补偿，还可以是异地开发、生态移民补偿等），用于经济发展与环境保护，从而扭转经济落后与生态恶化的局面。农村环境状况得到改善，必将为城市环境的改善提供更大的生态支持。[148]

六、优化城镇化和生态保护融资机制

新型城镇化建设和生态环境保护工作必然会在一定时期内增加地方政府的成本支出，而地方政府现实的财政状况是政府事权层层下移，地方政府不堪重负，政府财权财力不断集中上移，基层政府收支压力急剧上升。不断加剧的融资责任和压力，迫使地方政府在公权收入之外，通过要素收入（例如土地、矿产资源等）、信用收入及其他融资渠道和方式筹集资金满足社会、经济发展的需要，包括城镇化和生态环境保护工作的资金所需，典型的如"土地财政""融资平台"等也就成为了地方政府普遍的选择。金融抑制是农业生态环境问题产生的根本原因。[149]

很长一段时间以来，中国城镇化进程的快速推进主要依靠行政力量以较低成本来进行推进，表现在劳动力成本低、土地成本低、公共服务质量低、基础设施建设低等多方面，对生态环境的投入更是严重不足。但是，要保持城镇化的持续、稳固和向纵深推进，使转移人口真正融入城市社会的新型城镇化，解决城市内部的二元结构，就必须使各类群体（包括农民工、常住的非城镇户籍人口）确实享受城市的各类公共服务和制度保障，地方政府为此所需提供的公共服务压力将越来越大。当前，土地收入是地方政府推动城镇化进程的主要资金来源，在某些城市可能占到财政收入超一半以上，形成了"土地财政"。但土地出让金存在着稳定性差、可持续性差等突出问题，尤其容易受到经济周期和国家房地产宏观调控政策的影响，而城镇化、生态环境保护等公共产品推进所需的资金却是刚性并可能稳步增加的。因此，有必要逐步构建多元化的城市化建设筹资体系，完善体制和政策，打造城镇化推进中地方政府融资可持续发展机制，逐步帮助地方政府摆脱对土地收入的过度依赖。

具体来说，在现有的制度框架内，可以采取以下措施：

1. 推行土地年租制

中国独特的土地出让制度极大地推动了中国的经济增长、城市发展和基础设施的建设完善，带来了制造业部门的超常规发展，并推动本地服务业部门，尤其是房地产行业高速增长。但是，土地出让金制度的弊端也显而易见并广为诟病：一是易导致地方政府财政收入的不稳定。以"招拍挂"方式为主、一次性收取土地出让金的城市土地出让制度虽然给各级地方政府带来了大量的发展资金，但土地出让收入易受市场行情、国家宏观调控等因素的影响而波动。二是土地出让制度成为推高房价的重要推手。在土地出让金成为很多地方政府财政收入主要来源的情况下，在财政支出的压力下和对政绩的追求下，地方政府的最优策略就是，通过增加土地出让收入来增加财政收入，地方政府显然对土地价格不断上涨乐见其成，土地价格的上涨直接促成房价的上涨。三是土地出让制度透支了未来的收入来源。在批租制的土地出让金制度下，政府可一次性征收未来70年（住宅用地）的土地出让金，这种制度使政府可以在短期内通过土地出让获得巨额资金，但却超额透支了未来的收入来源，毕竟土地资源是有限和稀缺的。

运用土地"年租制"克服地方政府的短期行为。现行土地出让金往往是一次性收取，如果实行"年租制"，变成分为几十年收取，其他税费也应平摊到住房寿命有效期内的保有阶段，这样在很大程度上可避免地方政府行为的短期化，让土地出让金在不同年份间有效分布，也可减轻地价对于房价的影响。

理论上，土地出让金是土地使用者为了获得土地使用权而支付的价格，可以一次性缴付，或以分期付款的方式按年租金付款。推行土地年租制，变一次性收取为几十年收取，可以使土地出让金收取平滑化，这样在很大程度上可避免地方政府对土地收益过分追求的短期化行为，也可减轻地价对于房价的影响。还有助于避免地方财政因为房地产周期因素而导致财政收入大起大落，增强地方财政运行的稳健性，进而提高地方政府的公共服务能力。

2. 推行房地产税改革试点

发达国家地方的主体税种是财产税，占地方税收70%以上。而我国和房地产相关的税收不到地方税收收入的20%。同时，城镇土地使用税、耕地占用税等税种均是以面积一次性计征，不能反映土地资产的实际价值，特别是增值收益。我国现行的房产税制将个人非营业性房产完全排除在征税范围之外，弱化了房产税的收入措施功能。当前，土地出让收入是地方财政的重要资金来源，但城市的土地资源是有限的，一旦土地资源用完，或者房地产的投资下滑，地方收入必然面临严重挑战，开征房地产税有助于发挥其长期、综合性的正面效应，保证地方财政的持续性。再者，"土地出让金"的性质是土地使用权的价格，即国家凭借所有者身份对使用权持有人收取的地租，而房产税的性质是不动产保有环节上使用权持有人所必须缴纳的法定税负，收取者（国家）凭借的是社会管理者的权力，两者不可等同。

着眼于未来，应确立房产税为主的地方财政收入来源。2011年1月28日，上海、重庆作为试点城市实施了由国务院制定和颁布的房产税改革试点办法，正式开始对部分个人住房征收保有环节的房产税。我们应该在积极扩大房产税改革试点城市范围的基础上，对房产税的征收范围和征收方式进行调整，逐渐用房产税替代土地财政。将房地产税和国家的财政税收体制改革相配套。确立税收的主导作用，逐步形成税收收入为主、非税收收入为辅的地方政府公共收入体系。

3. 促进地方政府负债融资有序适度，为新型城镇化和生态环境保护提供必要外源资金

政府负债是一把双刃剑，根据自身实力与未来发展预期适度负债才是最佳选择，负债不足与过度负债都是不可取的。虽然地方政府通过融资平台公司、隐形负债等方式产生的债务所引发的财政风险已经到了不容忽视的地步，在地方政府债务迅速膨胀的条件下，为防止可能出现的地方政府财政债务危机，国务院颁发了《国务院关于加强地方政府融资平台公司管理有关问题的通知》，对地方政府融资平台的融资行为提出了诸多规范化改进措施；审计署根据国务院要求，2013年8月1日起，开始全面审计地方政府债务，对中央、省、市、县、乡五级政府性债务进行彻底摸底和测评。但客观地评

价，地方政府的负债对推动城镇化进程、发展地方经济、完善基础设施等做出了巨大贡献，地方政府的适度负债增加了地方政府筹集资金的渠道、速度和规模。目前对地方政府债务融资规模的控制、对其行为的规范、对地方政府债务的摸底和调查并不是杜绝地方政府债务融资，而是要使其债务保持透明度、保持在适度规模、保持在可控范围。规范的公债制度是成熟的市场经济国家基础设施融资的主导机制。举债权是规范化的分税制体制下各级政府应有的财权，这是实行分税制财政体制的国家长期实践得出的经验。使地方政府逐步形成科学、合理、阳光的融资渠道，为城市化和工业化等方面基础设施融资奠定规范有序适度可控的负债融资基础。政府为实现经济社会发展目标而融资举债不能全盘否定和完全取缔，但地方政府融资举债的动因、规模、使用取向、偿债方式、最终效果等必须规范化和透明化。因此，应当赋予地方适度举债权，允许地方政府通过规范的法定程序，在有透明度和受监督的条件下适当规模举债，筹集必要的建设资金，如此才能有利于地方政府在分级预算运行中应对短期内市政建设等方面的高额支出，把支出高峰平滑化分摊到较长时段中，从而有效提高地方政府收入建设新型城镇化和生态环境的能力。同时，建立可操作性强的地方财政风险预警和控制机制，预警和识别地方财政风险，有效防范地方债务危机及至财政危机。

4. 在城市基础设施领域，适当引入民间资本

大力引进社会资本尤其是民间资本，参与市政基础设施领域的投资、建设和运营，是切实转变政府职能，理顺政府与市场、政府与社会关系的重要举措。对于城市基础设施建设领域来说，民间投资具有增长潜力大、投资效率高的特点。从长远来看，民间投资必将成为城市基础设施建设资金的重要来源。

城市基础设施建设中的很多项目具有一定的赢利性，应该鼓励民间投资的合理介入。这既扩大民间资本投资空间和投资机会，也能够减少政府在这方面的公共投资压力和后续运营的低效率。为此，必须认真贯彻《国务院关于鼓励和引导民间投资健康发展的若干意见》（国发〔2010〕13 号）文件的精神，创新改革投融资体制，打

通社会资本进入市政基础设施的渠道，大力吸引外部资金。引入外部力量参与基础设施建设和管理基础设施项目，有利于提高效率，降低成本，规避事业单位或国有企业垄断经营带来的机构臃肿、财政支出庞大、运营效率低下、设施维护保养浪费惊人等问题，更有利于激活庞大的民间资金，参与基础设施建设，解决新型城镇化和生态环境保护资金短缺问题，推动新型城镇化进程和生态环境保护更好更快地发展。

5. 深化改革，进一步完善分税制下事权与财力相匹配的地方财政体制，并调整优化政府间事权划分的纵向配置

地方经济发展主要依靠举债来进行。例如，完善城市交通等公共基础设施，对环境保护、教育、医疗卫生、养老、低收入群体补贴和失业救济等，都需要耗费大量的财政资金，但地方政府的财力显然不能承担这巨额开支。资料显示，自 1994 年实施"分灶吃饭"的财政体制以来，地方政府的财政收入占整个财政收入的比重逐年下降，从 1993 年的 78% 下降到 2004 年的 42.7%，但中央政府的收入占整个财政收入的比重却由 1993 年的 22% 上升到 2004 年的 57.2%。2012 年全国财政收入 117210 元，中央财政收入 56133 亿元，占比 47.89%；地方财政收入 61077 亿元，占比 52.11%。而地方政府的财政支出占整个财政支出的比重却一直维持在 70% 的水平。这造成了目前"中央财政集中过多，省级财政基本满意，地级财政过得去，县级财政很困难，乡级财政基本上靠收费"的局面。各级政府之间公共服务供给责权划分不合理，财力与事权严重失衡，势必会造成政府承担的社会发展责任与其所拥有的财政资源不对称的局面。

在很多国家，生态环境、基础教育和公共卫生的支出责任通常需要省级和中央政府分担，从而保证不同地区都能实现最低水平的服务。而包括养老金在内的社会保障项目几乎都由中央政府负担，作为"安全网"的社会福利项目也几乎都由中央政府参与分担，这是因为此类项目不仅费用高昂，而且具有周期性特征，不适合由地

方政府负担。① 就现实情况看来，中国地方政府，尤其是城市政府作为新型城镇化和生态产品的提供者，提供了大多数的公共服务，承担了大部分的基础设施建设任务，需要在财权分配和财力配备方面给予相应的配置，保证事权与财权的统一。因此，深化政府间财政体制改革的着眼点在于尽可能释放财力到基层政府，以缓解其财政困难，尤其是理顺省以下财政体制，想方设法增强基层财政能力，从而为新型城镇化和生态环境保护提供必要的财力支撑，为合理控制地方政府债务筹资、防范财政风险创造条件。

---

① 《政府间财政体制改革当行》，求实理论网。

参考文献

［1］祝福恩，刘迪．新型城镇化的含义及发展路径［J］.黑龙江社会科学，2013（4）：60－63.

［2］杨文举，孙海宁．浅析城市化进程中的生态环境问题［J］.生态经济，2002（3）：31－34.

［3］胡必亮．关于城市化与小城镇的几个问题［J］.唯实，2000（1）：10－14.

［4］贾高建．社会整体视野中的城乡关系问题［J］.中共中央党校学报，2007（2）：23－27.

［5］黄学贤，吴志红．建国以来我国农村的城镇化进程——兼论行政规划的发展［J］.东方法学，2010（4）：76－85.

［6］李克强．认真学习深刻领会全面贯彻党的十八大精神　促进经济持续健康发展和社会全面进步［N］.人民日报.

［7］盛广耀．关于城市化模式的理论分析［J］.江淮论坛，2012（1）：24－30.

［8］张友良．深入理解城镇化内涵　推进新型城镇化建设［J］.传承，2012（2）：62－63.

［9］倪鹏飞．新型城镇化的基本模式、具体路径与推进对策［J］.江海学刊，2013（1）：87－94.

［10］金良浚．新型城镇化背景下产城一体化发展探究［J］.中国国情国力，2013（11）：40－42.

［11］辜胜阻．中国二元城镇化战略构想［J］.中国软科学，1995（6）：62－64.

［12］洪银兴，陈雯．城市化模式的新发展——以江苏为例的分析［J］．经济研究，2000（12）：66－71.

［13］胡必亮．城镇化道路适合中国发展［N］．中华建筑报，2004，6.

［14］赵春音．城市现代化：从城镇化到城市化［J］．城市问题，2003（1）：6－12.

［15］曾雪玫．城市化与城镇化之辨及西部城市化道路选择［J］．乐山师范学院学报，2005（10）：87－91.

［16］温铁军．农村需要城镇化而非城市化［J］．当代贵州，2013（2）：58.

［17］王震国．中国：亟待从城市化到城镇化的多元可持续转型［J］．上海城市管理，2013，22（3）：2－3.

［18］张占斌．新型城镇化的战略意义和改革难题［J］．国家行政学院学报，2013（1）：48－54.

［19］沈越．走有中国特色的城市化道路——新世纪我国城镇化战略刍议［J］．中国特色社会主义研究，2001（3）：36－40.

［20］刘彦随．城镇化比城市化更符合农村实际［J］．中国老区建设，2013（3）：18.

［21］谢杨．中国城镇化战略发展研究［J］．重庆工学院学报，2004（3）：1－8.

［22］项继权．城镇化的"中国问题"及其解决之道［J］．华中师范大学学报（人文社会科学版），2011（1）：1－8.

［23］曹政．卡拉布雷西社会稀缺资源分配理论及其批判［D］．长春：吉林大学，2007.

［24］曹胜亮，黄学里．城镇化进程与我国农村生态保护［J］．中南财经政法大学学报，2011（4）：68－72.

［25］陈波翀，郝寿义．自然资源对中国城市化水平的影响研究［J］．自然资源学报，2005（3）：394－399.

［26］刘耀彬，刘莹，胡观敏．资源环境约束下的城市化水平的一般均衡分析模型与实证检验［J］．财贸研究，2011（5）：10－17.

［27］王家庭，郭帅．生态环境约束对城市化的影响：基于最佳城市规模模型的理论研究［J］．学习与实践，2011（1）：5－17.

［28］盛广耀．城市化模式与资源环境的关系［J］．城市问题，2009（1）：11－17.

［29］应瑞瑶，周力．我国环境库兹涅茨曲线的存在性检验［J］．南京师大学报（社会科学版），2006（3）：74－78.

［30］方创琳，杨玉梅．城市化与生态环境交互耦合系统的基本定律［J］．干旱区地理，2006（1）：1－8.

［31］黄金川，方创琳．城市化与生态环境交互耦合机制与规律性分析［J］．地理研究，2003（2）：211－220.

［32］刘耀彬，宋学锋．改革开放以来中国工业化与城市化协调度分析［J］．科技导报，2005（2）：48－51.

［33］刘耀彬，李仁东．江苏省城市化与生态环境的耦合规律分析［J］．中国人口、资源与环境，2006（1）：47－51.

［34］赵宏林．城市化进程中的生态环境评价及保护［D］．东华大学，2008.

［35］陈云风，武永祥，张园．中国城市化进程中土地集约利用的系统动力学模型［J］．建筑管理现代化，2008（5）：13－16.

［36］陈晓红，宋玉祥，满强．城市化与生态环境协调发展机制研究［J］．世界地理研究，2009（2）：153－160.

［37］荣宏庆．论我国新型城镇化建设与生态环境保护［J］．现代经济探讨，2013（8）：5－9.

［38］刘金全，郑挺国，宋涛．中国环境污染与经济增长之间的相关性研究——基于线性和非线性计量模型的实证分析［J］．中国软科学，2009（2）：98－106.

［39］李国柱．经济增长与环境污染：基于面板数据单位根的研究［J］．石家庄经济学院学报，2007（3）：63－66.

［40］李国璋，孔令宽．环境库兹涅茨曲线在中国的适用性［J］．广东社会科学，2008（2）：37－43.

［41］秦向东，欧恺，敖翔．工业污染对环境质量的影响研究——基于时序数据的经验分析［J］．生态经济，2008（11）：114－116.

［42］杜江，刘渝．城市化与环境污染：中国省际面板数据的实证研究［J］．长江流域资源与环境，2008（6）：825－830.

［43］冯兰刚，都沁军．试论城市化发展对水资源的胁迫作用——以河北省为例［J］．湖南财经高等专科学校学报，2009，25（2）：93－95．

［44］都沁军，冯兰刚，田亚明．基于 VEC 模型的河北省城市化与水资源利用关系研究［J］．石家庄经济学院学报，2009，32（3）：39－42．

［45］姜乃力．城市化对大气环境的负面影响及其对策［J］．辽宁城乡环境科技，1999（2）：63－66．

［46］盛学良，彭补拙，王华，等．生态城市建设的基本思路及其指标体系的评价标准［J］．环境导报，2001（1）：5－8．

［47］许宏，周应恒．区域城市化与生态环境耦合规律及协调发展研究——基于云南省的实证［J］．云南财经大学学报，2011，32（4）：133－139．

［48］陈彤，任丽军．山东省城市化与水环境耦合协调模式分析［J］．人民黄河，2013（6）：75－79．

［49］陈傲．中国区域生态效率评价及影响因素实证分析——以 2000—2006 年省际数据为例［J］．中国管理科学，2008，16（S1）：566－570．

［50］宋建波，武春友．城市化与生态环境协调发展评价研究——以长江三角洲城市群为例［J］．中国软科学，2010（2）：78－87．

［51］陈晓红，万鲁河．城市化与生态环境协调发展评价研究——以东北地区为例［J］．自然灾害学报，2011，20（2）：68－73．

［52］张云峰，陈洪全．江苏沿海城镇化与生态环境协调发展量化分析［J］．中国人口、资源与环境，2011（S1）：113－116．

［53］罗能生，李佳佳，罗富政．中国城镇化进程与区域生态效率关系的实证研究［J］．中国人口．资源与环境．2013（11）：53－60．

［54］沈清基．论基于生态文明的新型城镇化［J］．城市规划学刊，2013（1）：29－36．

［55］杨著．农村城镇化的绿色生态路径探索［J］．古今农业，2013（2）：18－23．

［56］周林霞．农村城镇化进程中的生态伦理构建研究［J］．中州学刊，2013（1）：112－116．

［57］李爱梅，康蓉，杨海真．快速城镇化地域生态承载力评价模型构建与分析［J］．环境科学与管理，2013，38（2）：139－143．

［58］杜英，杨改河，徐丽萍，等．城镇化进程中的生态效应分析［J］．

西北农林科技大学学报（社会科学版），2005（2）：97－101.

［59］马建明，崔荣国. 我国能源和资源效率低下的原因浅析［J］.国土资源情报，2008（4）：30－33.

［60］宋言奇，傅崇兰. 城市化的生态环境效应［J］.社会科学战线，2005（3）：186－188.

［61］胡伏湘. 长沙市宜居城市建设与城市生态系统耦合研究［D］.中南林业科技大学，2012.

［62］黄肇义，杨东援. 国内外生态城市理论研究综述［J］.城市规划，2001（1）：59－66.

［63］赵春雨，方觉曙. 生态城市与生态产业链——以芜湖市为例［J］.城市问题，2010（2）：24－27.

［64］王爱兰. 加快我国生态城市建设的思考［J］.城市.2008（4）：53－56.

［65］张召. 我国城镇化进程中的生态城市建设路径探索［J］.徐州工程学院学报（社会科学版），2013（5）：45－47.

［66］侯爱敏，袁中金. 国外生态城市建设成功经验［J］.城市发展研究，2006（3）：1－5.

［67］韦政. 中国当前生态城市建设中存在的问题和解决方法［J］.延边党校学报，2013（3）：47－49.

［68］关海玲. 积极探索低碳生态城市发展道路［J］.宏观经济管理，2013（10）：69－71.

［69］汤天滋. 生态城市建设必须坚持的几个原则问题［J］.城市发展研究，2006（4）：87－92.

［70］董德明，包国章. 城市生态系统与生态城市的基本理论问题［J］.城市发展研究，2001（S1）：32－35.

［71］张颖. 排污权交易制度政策建议［J］.农业与技术，2012，32（6）：150－151.

［72］刘晓星. 我国排污权交易的法律制度构建［J］.环境经济，2011（11）：49－50.

［73］沈满洪，赵丽秋. 排污权价格决定的理论探讨［J］.浙江社会科学，2005（2）：26－30.

［74］施圣炜，黄桐城．期权理论在排污权初始分配中的应用［J］.中国人口、资源与环境，2005（1）：55－58.

［75］管瑜珍．美国可交易的排污许可制度——兼论在我国建立该制度面临的几个问题［J］.黑龙江省政法管理干部学院学报，2005（4）：98－101.

［76］侯庆喜．刍议排污权价格的合理界定［J］.环境科学与管理，2007（5）：23－26.

［77］张安华．中国实施排污权交易的阻力和动力［J］.环境与可持续发展，2007（1）：4－6.

［78］陈颖，陈德昌．排污权交易市场模式比较分析［J］.当代畜牧，2004（8）：37－38.

［79］王小军．美国排污权交易实践对我国的启示［J］.科技进步与对策，2008（5）：142－145.

［80］张志耀，逄萌．排污权交易下的企业环境决策行为分析［J］.科技情报开发与经济，2008（28）：149－150.

［81］王蕾，毕巍强．排污权交易下对企业激励机制的分析［J］.中国市场，2009（41）：89－91.

［82］胡应得，杨增旭，梅成效．如何使企业认识排污权价值——浙江省企业参与排污权交易意愿调查［J］.环境保护，2010（8）：52－54.

［83］杨伟娜，刘西林．排污权交易制度下企业环境技术采纳时间研究［J］.科学学研究，2011，29（2）：230－237.

［84］朱皓云，陈旭．我国排污权交易企业参与现状与对策研究［J］.中国软科学，2012（6）：15－23.

［85］胡应得．排污权交易政策对企业环保行为的传导机制研究［J］.科技进步与对策，2012，29（16）：88－91.

［86］马云泽．排污权交易机制与社会福利［J］.天津大学学报（社会科学版），2012，14（1）：66－71.

［87］蒋亚娟，胡传朋．中国排污权交易制度的发展困境破解［J］.人民论坛，2012（20）：20－21.

［88］何强，向洪，陈刚才．我国排污权交易试点情况及主要问题和对策探讨［J］.三峡环境与生态，2012，34（5）：53－56.

［89］李惠蓉．基于外部性理论视角下的排污权交易制度［J］.经济研究

导刊，2012（30）：132－133.

[90] 苏丹，王燕，李志勇，等.中国排污权交易实践存在的问题及其解决路径 [J].中国环境管理，2013，5（4）：1－11.

[91] 卢伟.构建我国排污权交易体系的政策建议 [J].中国经贸导刊，2012（34）：54－56.

[92] 何强，向洪，陈刚才.我国排污权交易试点情况及主要问题和对策探讨 [J].三峡环境与生态，2012，34（5）：53－56.

[93] 胡晓舒.论中国排污权交易制度的构建 [J].经济研究导刊，2011（27）：98－100.

[94] 张文慧，张志学，刘雪峰.决策者的认知特征对决策过程及企业战略选择的影响 [J].心理学报，2005（3）：373－381.

[95] 谢红彬，周长春.闽江流域公众对工业企业外部环境压力的认知 [J].环境保护科学，2007（3）：44－47.

[96] 黄季焜，齐亮，陈瑞剑.技术信息知识、风险偏好与农民施用农药 [J].管理世界，2008（5）：71－76.

[97] Pimentel D. Environmental and Economic costs of the Application of pesticides primarily in the United States [J]. Environment, Development and Sustainability, 2005（7）：229－252.

[98] Burrows T M. Pesticide Demand and Integrated Pest Management: A Limited Dependent Variable Analysis. [J]. American Journal of Agricultural Economics, 1983（65）：806－810.

[99] Rahman S. Farm-level pesticide use in Bangladesh determinants and awareness [J]. Agriculture, Ecosystems and Environment, 2003（95）：241－252.

[100] 郝利，任爱胜，冯忠泽，等.农产品质量安全农户认知分析 [J].农业技术经济，2008（6）：30－35.

[101] 赵建欣.农户安全蔬菜供给决策机制研究——基于河北、山东和浙江菜农的实证 [D].杭州：浙江大学，2008.

[102] 王华书，徐翔.微观行为与农产品安全——对农户生产与居民消费的分析 [J].南京农业大学学报，2004，4（1）：23－28.

[103] 洪崇高，丁晓宇，林伟，等.我国水稻主产区农药使用调查及安全生产的建议与对策 [J].亚热带农业研究，2008（4）：136－140.

[104] 李明川，李晓辉，傅小鲁，等．成都地区农民农药使用知识、态度和行为调查［J］．预防医学情报杂志，2008，24（7）：521－525.

[105] 张云华，孔祥智，罗丹．安全食品供给的契约分析［J］．农业经济问题，2004（8）：25－28.

[106] Jikun Huang F Q L Z. Farm Pesticide, Rice Production, and Human health［R］. Singapore：IDRC, 2000.

[107] 田红，全锦莲，王立平，等．农作物病虫害专业化防治存在的问题及建议［J］．现代农业科技，2010（21）：228.

[108] 朱焕潮，钟阿春，汪爱娟．余杭区植保统防统治工作的实践与思考［J］．中国稻米，2009（4）：74－75.

[109] 鲍光跃．刍议不断推进农作物病虫害专业化统防统治［J］．安徽农学通报（上半月刊），2010（7）：138－139.

[110] 王金良．创建植保专业合作社　探索统防统治社会化服务［J］．中国稻米，2008（2）：74－76.

[111] 陈彦霞，张艳玲，刘秀玲，等．实施生态补偿的作用与意义［J］．科技视界，2012（24）：286－287.

[112] 田民利．基于区域生态补偿的横向转移支付制度研究［D］．中国海洋大学，2013.

[113] 毛显强，钟瑜，张胜．生态补偿的理论探讨［J］．中国人口、资源与环境，2002（4）：40－43.

[114] 李爱年，彭丽娟．生态效益补偿机制及其立法思考［J］．时代法学，2005（3）：65－74.

[115] 沈满洪，杨天．生态补偿机制的三大理论基石［N］．中国环境报，2004－03－02.

[116] 陈晓勤．生态补偿基本理论问题探究——基于行政法学视角［J］．福建行政学院学报，2010（5）：77－83.

[117] 李国平，李潇，萧代基．生态补偿的理论标准与测算方法探讨［J］．经济学家，2013（2）：42－49.

[118] 尤鑫．生态补偿理论与实践体系建设研究［J］．江西科学，2013，31（3）：399－402.

[119] 穆琳．我国主体功能区生态补偿机制创新研究［J］．财经问题研

究，2013（7）：103 – 108.

［120］何辉利，杨永，李颖. 唐山南湖湿地生态补偿机制探究［J］.中国环境管理，2013（5）：26 – 29.

［121］沈满洪，陆菁. 论生态保护补偿机制［J］.浙江学刊，2004（4）：217 – 220.

［122］仲俊涛，米文宝. 基于生态系统服务价值的宁夏区域生态补偿研究［J］.干旱区资源与环境，2013，27（10）：19 – 24.

［123］饶清华，邱宇，王菲凤，等. 闽江流域跨界生态补偿量化研究［J］.中国环境科学，2013（10）：1897 – 1903.

［124］余艳. 生态补偿机制的现实困境与理性选择［J］.陕西理工学院学报（社会科学版），2013，31（2）：63 – 67.

［125］付意成，张春玲，阮本清，等. 生态补偿实现机理探讨［J］.中国农学通报，2012，28（32）：209 – 214.

［126］刘春腊，刘卫东. 中国生态补偿的省域差异及影响因素分析［J］.自然资源学报，2007，22（4）：557 – 567.

［127］杨中文，刘虹利，许新宜，等. 水生态补偿财政转移支付制度设计［J］.北京师范大学学报（自然科学版），2013，49（Z1）：326 – 332.

［128］杨晓萌. 中国生态补偿与横向转移支付制度的建立［J］.财政研究，2013，360（2）：19 – 23.

［129］赵银军，魏开湄，丁爱中，等. 流域生态补偿理论探讨［J］.生态环境学报，2012，21（5）：963 – 969.

［130］郭辉军. 完善生态补偿机制的有关问题探讨［J］.云南林业，2013（5）：50 – 55.

［131］马勇娜. 浅析我国生态补偿政策［J］.南昌教育学院学报，2013，28（6）：11 – 12.

［132］陈洋，李霖. 构建广西生态补偿机制对策探析［J］.环境科学导刊，2013（5）：39 – 42.

［133］汪洁，栾敬东，马友华，等. 巢湖农业面源污染控制的生态补偿措施和政策思考［J］.中国农学通报，2009，25（2）：295 – 299.

［134］刘旗福，曾金凤，邹毅. 东江源区水环境保护与生态补偿机制探讨［J］.江西水利科技，2013（3）：189 – 194.

［135］财政部财政科学研究所课题组．城镇化进程中的地方政府融资研究［J］．经济研究参考，2013（13）：3－25.

［136］巴曙松，王劲松，李琦．从城镇化角度考察地方债务与融资模式［J］．中国金融，2011（19）：20－22.

［137］封北麟．我国城镇化进程中的基础设施融资［J］．经济研究参考，2013（13）：40－53.

［138］佚名．城镇化建设遭遇现有融资渠道困境［J］．四川水泥，2013（5）：74－75.

［139］许余洁．以资产证券化为城镇化融资［J］．中国经济报告，2013（8）：62－65.

［140］刘尚希，赵全厚，孟艳，等．"十二五"时期我国地方政府性债务压力测试研究［J］．经济研究参考，2012（8）：3－58.

［141］李虎．我国地方政府债务管理研究［J］．财经问题研究，2013（S1）：137－140.

［142］孙杰．资产证券化与化解地方政府债务风险［J］．中国金融，2012（21）：51－52.

［143］张娟．中国对外贸易的环境效应研究［D］．武汉：华中科技大学，2012.

［144］廖正君．生态立市与苏州生态文明建设［J］．经济研究导刊，2013（18）：275－276.

［145］杨海龙，崔文全．资源与生态环境产权制度研究现状及"十三五"展望研究［J］．环境科学与管理，2013（11）：30－34.

［146］张娟．中国对外贸易的环境效应研究［D］．武汉：华中科技大学，2012.

［147］阳玉琼，俞海山．不同贸易增长模式对生态环境的影响研究——基于浙、粤两种贸易增长模式的比较［J］．国际经贸探索，2010，26（8）：34－39.

［148］宋言奇．从城乡生态对立走向城乡生态融合——我国可持续城市化道路之管窥［J］．苏州大学学报（哲学社会科学版），2007（2）：8－11.

［149］刘小鹏，王亚娟．民族地区农业生态环境保护投融资机制研究［J］．经济问题探索，2006（10）：153－156.